BEI GRIN MACHT SICH IHR WISSEN BEZAHLT

- Wir veröffentlichen Ihre Hausarbeit, Bachelor- und Masterarbeit

- Ihr eigenes eBook und Buch - weltweit in allen wichtigen Shops

- Verdienen Sie an jedem Verkauf

Jetzt bei www.GRIN.com hochladen und kostenlos publizieren

Wirbelspulen-Dynamo und Strömungsformen. Simulation und Analyse fluiddynamischer Prozesse

Michael Dienst

Bibliografische Information der Deutschen Nationalbibliothek:

Die Deutsche Nationalbibliothek verzeichnet diese Publikation in der Deutschen Nationalbibliografie; detaillierte bibliografische Daten sind im Internet über http://dnb.d-nb.de abrufbar.

ISBN: 9783389024874
Dieses Buch ist auch als E-Book erhältlich.

© GRIN Publishing GmbH
Trappentreustraße 1
80339 München

Druck und Bindung: Books on Demand GmbH, Norderstedt Germany
Gedruckt auf säurefreiem Papier aus verantwortungsvollen Quellen

Das Buch bei GRIN: https://www.grin.com/document/1472894

Wirbelspulen-Dynamo und Strömungsformen
Vortex coil dynamo: driving the Fluid
Michael Dienst, Berlin 2024

Der Wirbelspulen-Dynamo ist ein mechanisches Aggregat das über einen fluiddynamischen Prozess ein Strömungsfeld formt. Das aus dem Aggregat abfließende Fluid besitzt nun eine neue Qualität und die Übertragung kinetischer Energie gelingt auf hohem Niveau.
Um einen gut ausbalancierten Wirbelspulendynamo existieren und wechselwirken zwei globalMode2-Wirbelspulen verschiedener Vortizität derart, dass in einer Gesamtbilanz des abfließenden Fluids ein Gebiet mit deutlich erhöhten Geschwindigkeiten und spezifischem Impuls messbar wird. Dieses den Wirbelspulen konzentrisch inhärente Gebiet hoher Impulstransferrate ist geeignet, der Strömung Energie zu entkoppeln und in der Weise einer Strömungskraftmaschine in mechanische Leistung umzusetzen.
Für das Strömungsgeschehen um einen Wirbelspulen-Dynamo wurde ein Simulationsmodell entworfen. Das numerisches Verfahren identifiziert fadenförmige Wirbel als Lagrange Kohärente Konstrukte und berechnet nach der Potentialtheorie die Impulsübertragung in einem dreidimensionalen Raum um den Wirbelspulen-Dynamo. Die Simulation gewährt einen Einblick in das nunmehr verformte, heterogene Strömungsfeld.

The vortex coil dynamo is a mechanical unit that shapes the flow field via a fluidic process. The flowing fluid now has a new quality and the transfer of kinetic energy is achieved at a higher level.

Aus dem Inhalt

Literatur zum Stand der Technik und der Lehrmeinung über Windkrafttechnik.
Bibliographie und unterstützende Literatur.
Report über bilanzierte Strömungsgrößen.
Kernalgorithmus
Wirbel und Lagrange Kohärente Strukturen
I/O JobCard; Steuerprogramm

Einleitung und Erklärung des Wirbelspulen-Dynamo

Beim Wirbelspulen-Dynamo rotieren die Tragflügel einer axialen Kraftmaschine (Repeller) und einer Arbeitsmaschine (axialer Propeller) auf einer gemeinsamen horizontalen Welle. Beide Tragflügelpaare generieren im Betrieb an ihren Tragflügelspitzen Wirbelfäden, die als zwei spiralige Strukturen[1] mit der Strömung abfließen. Und beide Wirbelspulen induzieren einen Impuls im Feld.

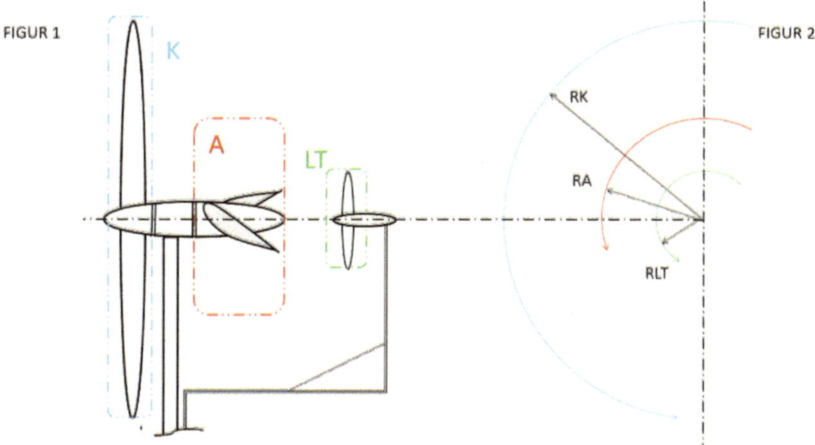

Abb.1: Prinzipieller Aufbau des Wirbelspulen-Dynamos. Strömungskraftmaschine K (der Design-Space mit blauer Linie); die Arbeitsmaschine A (rot) und die Leistungsturbine LT (grün).

Durch die mechanische Kopplung von Kraft- und Arbeitsmaschine herrscht eine gemeinsame Arbeitsspielfrequenz (f [T^{-1}]) und wegen der unterschiedlichen Durchmesser der Tragflügelpaare sind Anströmungsverhältnisse an den Tragflügelspitzen von Repeller und Propeller verschieden. Die 2X2 Tragflügelenden generieren geordnete Paare von Wirbelfäden, deren paarige Wirbeligkeit (voticity ω [T^{-1}]) verschiedene Vorzeichen haben. Die Wirbelfäden der Arbeitsmaschine, als auch die der Kraftmaschine bilden achterlich spiralige Wirbelmäntel aus. Weil die Rotation aus der Drehbewegung der Kraftmaschine (Repeller) stammt und Repeller und Propeller auf einer gemeinsamen Welle rotieren, ist deren Drehzahl gleich. In einer dynamisch erzeugten Konzentratorströmung rotiert später ein kleiner Repeller LT mit sehr hoher Drehzahl (Abb.1) der nicht Gehgenstand der Erörterung ist.
Der Wirbelspulen-Dynamo ist somit ein dynamischer Strömungskonzentrator; ein Aggregat, das eine Kraftmaschine mit einer Arbeitsmaschine mechanisch koppelt. Erst im Zusammenspiel mit einer Leistungsturbine entsteht eine Windkraftanlage.
Das Aggregat, der Wirbelspulen-Dynamo, dient dazu, dynamisch und in freier Strömung eine Kernströmung zu erzeugen und diese zu beschleunigen derart, dass eine lokale Konzentration dort messbar wird. Die Beschleunigung der Kernströmung durch das dynamische Aggregat

---

[1] gm2WSP: Global Mode 2 (Wirbelspule)

erfolgt nach dem physikalischen Prinzip der die Strömung konzentrierenden fluidmechanischen Wirbelspule. Die Idee einer fluidmechanischen Wirbelspule, stammt aus Beobachtungen der belebten Natur und aus der experimentellen Untersuchung des aufgefingerten Vogelflügels[2].

Repeller

Ein fluidmechanischer Repeller entnimmt der Strömung Impulswirkung. Der herrschenden Lehrmeinung nach wird an dieser Stelle gerne gezeigt, wie eine Windkraftmaschine in ihrer Wirkebene die Strömungslinien „aufdehnt" und somit die Kernströmung verlangsamt[3]. Das ist physikalisch richtig. Das idealisierte Simulationsmodell der reinen Repellerströmung in Abb.2. weist aus, dass die Strömung um den Rotationsflügel aber auch Beschleunigungsanteile an den Tragflügel-Tips enthält (rot eingefärbte Geschwindigkeitsvektoren) die nur aus einer Impuls-Einkopplung von der Maschine und in das Feld stammen können. Die Abbildung erzählt von einem fluidmechanischen Prozess, bei dem das Windrad nicht nur Energie aus dem Strömungsfeld zu nehmen scheint, sondern auch Impuls an dieses Feld abgibt. Im Sinne von Zurückgeben. Das ist wenigstens bemerkenswert.

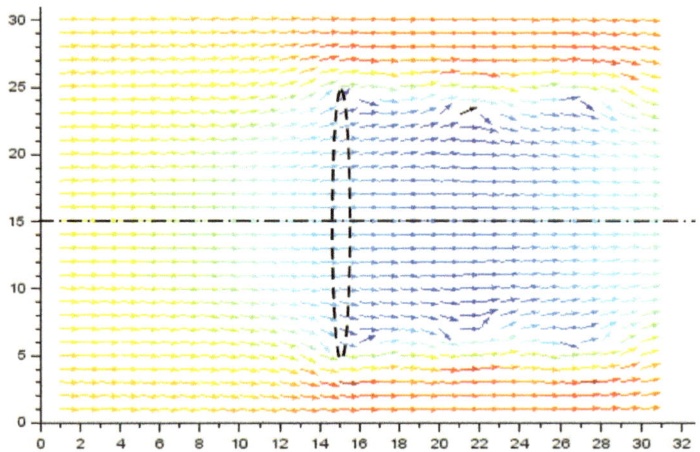

Abb.2: Repellerströmung. Geschwindigkeitsfeld in der Ebene (X,Y,15). Simulationsmodell im klassischen Windkanal-SetUp und der Anströmrandbedingung v∞(vx,0,0) von links nach rechts. Windrad in der Ebene Position E(15,X,Y).

In der Rede über eine Optimierungskampagne zu Windkraftanlagen (die wir in dieser Unter-suchung nicht führen wollen) besäßen wir mit der beschleunigten Mantelströmung eine bislang wenig bewegte Stellschraube. Gleichwohl sehen wir, dass ein Wirbelspulenmodell über die

---

[2] Felgenhauer, Mi. (2023). Fluidmechanische Wirbelspulen biologischer Flieger. A Cold Case: global Mode7 Vortex Coils. GRIN-Verlag GmbH München, ISBN (Buch): 9783346874757; Katalognummer v1356573
[3] Twele, J. Gasch, R. (2013): Windkraftanlagen. Grundlagen, Entwurf, Planung und Betrieb. Springer, Wiesbaden 2013; S. 23.

Aussagen des Ringwirbelmodells und der Konzept-Phase[4], hinausgeht. Die hiesige Konfiguration setzt das Arbeitsergebnis und die Empfehlung aus dem Konzept-Survey um.

Das Induktions- und physikalische Wechselwirkungsgeschehen ist vergleichsweise komplex und der Wirbelspulen-Dynamo ist strömungsmechanisch gesehen mehr als eine bloße Aneinanderreihung von Repeller und Propeller. Insofern ist das ermittelte Strömungsfeld in der Graphik Abb.2 eine gute Grundlage der Argumentation, denn es zeigt das Berechnungsergebnis für eine Windkraftmaschine vom Stand der Technik, mit einem Durchmesser entsprechend dem des Wirbelspulen-Dynamo. Dem Windrad vom Stand der Technik wird von einer Strömung mit der Anfangsrandbedingung v∞(vx,0,0) genau diese Kreisfläche angeboten zur Energieentkopplung und für einen Impulstransfer aus der Strömung und in die Maschine hinein.

Propeller

Betrachten wir kurz das Wechselwirkungsgeschehen der fluidmechanischen Wirbelspule einer reinen Propellermodellierung[5]. Die Idee eines Propellers ist ja, die mechanische Wellenleistung einer Antriebsmaschine durch einen fluidmechanischen Prozess in eine Reaktionskraft zu wandeln. Diese ist in einer Strömung als jener Schub messbar, der als Impulsänderung am Fluid behandelt werden kann.

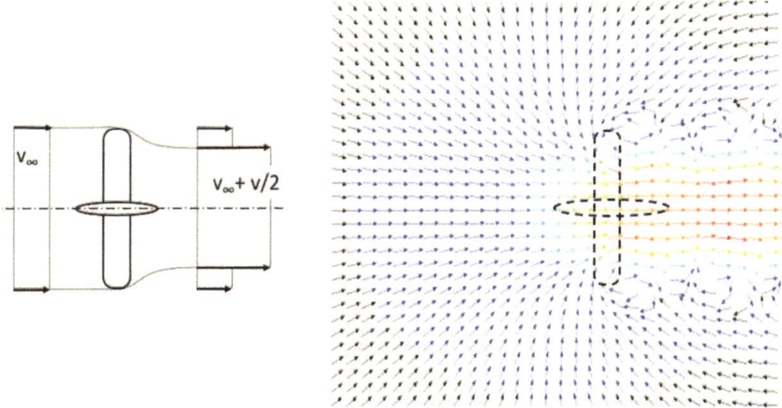

Abb.3: Beschleunigung des Luftstrahls um einen Propeller; links im Bild, schematisch: die zitierte Lehrmeinung; rechts: Simulationsergebnisse nach dem 3D Wirbelspulenmodell.

Interessieren uns weniger die Schubkräfte, rückt das produktive Randwirbelgebaren des rotierenden Systems in unsere Sicht. Als Arbeitsmaschine koppelt der Propeller Impuls in das Feld ein, in dem das Fluid (ggf. auch) in Bewegung ist. Es herrschet eine Anfangsrandbedingung

---

[4] Wirbelspulendynamo Teil 1: erste Konzepte. Vortex coil dynamo, the early stage, des Autors erscheint im Frühjahr 2024 im GRIN-Verlag München.
[5] Der Propeller als Wirbel basiertes Phänomen. Vortex based Propeller Phenomenology. Michael Dienst 2024

für das Rotationstragflügelsystem: v∞(vx,vy,vz); das ist das linke Schnittufer der schematischen Darstellung in der Skizze, Abb.3. Messungen zeigen, dass in der Ebene eines Propellers die Strömung auch im bewegten Medium nachbeschleunigt wird und Impulstransport herrscht (aus der Maschine heraus und in das Feld hinein). Hinter der Strömungsarbeitsmaschine liegen nach der herrschenden Lehrmeinung die Stromlinien dichter (Abb.3, links) und aus den Berechnungsergebnissen der Simulation sehen wir in der graphischen Darstellung die vektorielle Geschwindigkeit $\underline{c}$(u,v,w) [LT^{-1}] in einer Schnittebene im Feld (Abb.3, rechts: Ebene X,Y,15). Aus der unmittelbaren Umgebung der synthetisch erzeugten Wirbelspule werden Fluidelemente „durch diese hindurchgepumpt". Die Strömung beruht auf der Impulsinduktion in die Kernströmung der Wirbelspule und führt auf einem materiellen Schub ebendort. Innerhalb und im Kern der fluidmechanischen Wirbelspule ist die Strömung „rotorfrei", was Praktiker gelegentlich irritiert[6]. Das theoretische (Wirbelspulen-) Modell bestätigt damit experimentelle Messungen an realen Propellerströmungen.

Das Zusammenspiel der Kraft- und der Arbeitsmaschine, also von Repeller und Propeller nach Art der schematischen Skizze Abb.1., wird nun in einem gemeinsamen numerischen Ansatz simuliert. Die Gesamtkonstruktion des Wirbelspulen-Dynamos zielt darauf ab, im Zentrum des Aggregats und entlang der zentralen Achse eine beschleunigte Strömung zu erzwingen dadurch, dass die Arbeitsmaschine einen kompakten Wirbelmantel anfacht. Bei einem zweiarmigen Propeller ist auch die Wirbelspule zweigängig (global Mode 2-WSP) und besteht in einem glücklichen Fall aus wohlkonzentrierten Wirbelfäden (proper vortex) determinierter Zirkulation (Γ [L^{2}T^{-1}]) und hoher Vortizität (ω[T^{-1}]).

Simulationsmodell

Die für die Strömungskonzentration erforderliche fluidmechanische Wirbelspule wird durch die Arbeitsmaschine A des Aggregats erzeugt. Die kinetische Energie der Drehbewegung stammt aus der Drehbewegung der Kraftmaschine. Die Kraftmaschine K erzeugt ihrerseits eine Wirbelspule, deren (beide) Wirbelfäden gegenüber der Arbeitsmaschine A einen Lagrange-umgekehrten Drehsinn aufweisen. Es ist sinnfällig, dass eine genügend große Differenz der Repeller- und Propellerradien der Konzentration der Stromlinien im Kern der Wirbelspulen dienlich ist. Gleichsam nimmt die Leistungsausbeute an der (Leistungs-) Turbine LT exponentiell mit dem Radius dieser ab. Und wir stellen fest: das fluidmechanische Aggregat, der Wirbelspulen-Dynamo ist ein gestalterisches Multilemma!

Der energetische Nutzen jener Strömung, die das Aggregat achterlich verlässt, besteht in der Qualität der Strömung: der Strömungskonzentration. Eine Leistungsturbine LT, die in der nunmehr konzentrierten Strömung arbeitet, ist von ihrer Bauart her kleiner und seitens ihrer Betriebsdynamik agiler und leistungsfähiger als eine vergleichbare Axialturbine im Betrieb in der nichtbeschleunigten Strömung.

Anmerkungen zur Feldtheorie, dem Satz von Biot und Savart[7] (1820), den dynamischen Vorgängen im fluidmechanischen Feld sind im Anhang dieser Rede nachgestellt[8].

Das numerische Modell enthält die Zusammenhänge, wie die axiale (Wind-) Kraftmaschine Impuls entkoppelt und synchron die Strömungsarbeitsmaschine ein spiraliges Wirbelfadensystem generiert, das dann im Stande ist, Strömung zu konzentrieren. Nicht implementiert ist

---

[6] Auch in der numerischen Wirklichkeit ist die Strömung nicht „rotorfrei".
[7] Die für Strömungsfelder so bedeutsame Potentialtheorie und damit auch der und dem Satz von Biot und Savart (1820) gingen der allgemeinen Feldtheorie voraus. Die Potentialtheorie geht auf Lagrange zurück.
[8] aus: Mi. Dienst (2024) Wirbelspulendynamo Teil 1: erste Konzepte. Vortex coil dynamo, the early stage.

das numerisches Modell, das die fluidmechanische Wechselwirkung aller signifikanten Wirbelfäden untereinander beschreibt[9].
Die Graphik Abb.4 zeigt zwei berechnete Wirbelspiralen in einem Windkanal-SetUp für einen
einfachen Wirbelspulen-Dynamo. Beide Spiralen des Aggregats sind zweigängig (global Mode 2
WSP). Das numerische Modell arbeitet mit einer gemeinsamen Anfangsrandbedingung, hier
v∞(vx,0,0). Die Windkanalebene ist die Ebene (X=0,Y,Z) im Strömungsraum.

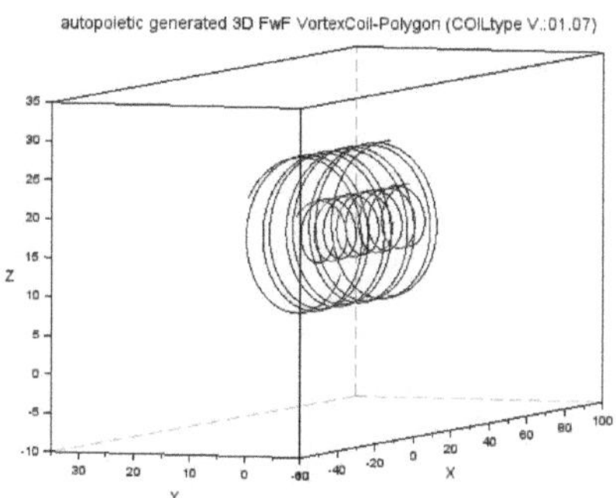

Abb.4: Zwei spiralige Formen vom Typ
„Global Mode 2 Wirbelspule, gm2WSP"
um eine gemeinsame zentralsym-
metrische Achse A(X,15,15).

Kraftmaschine: Repeller-Wirbelspule
(außen) und Arbeitsmaschine: Propeller-
Wirbelspule (innen). Modellannahme ist
das Windkanal-SetUp.

Das Simulationsmodell bestätigt das vom geneigten Leser, der Leserin für ein Zusammenwirken
von Repeller und Propeller erwartete Strömungsbild. Aber eine schlichte Superposition der
Bilder Abb.2. und Abb.3. gelingt (selbst numerisch) nicht! Vielmehr kommt es bei der iterativen
Berechnung der induzierten Geschwindigkeiten im Feld zu einer neuen Qualität der Strömung,
der lokalen Größen und der Bilanzen.
Dass ein wohngeformter Wirbelfaden wie ihn Helmholtz beschreibt, gerade durch seine
Kompaktheit (kleiner Querschnitt, hohe Wirbelstärke: a proper vortex!) zu einem numerisch
beherrschbaren Strömungsphänomen wird, ist relativ neu. Das numerische Simulationsmodell
geht aus von einem idealisierten Wirbelfaden im Raum, der eindimensional ist und dessen
inneres Milieu mit der Zirkulation um diesen Wirbelfaden an jeder Stelle beschrieben wird. Die
Intensität der Zirkulation an jeder Stelle des Wirbelfadens ist variabel, eine Modellannahme[10].
Im numerischen Modell ist der Wirbelfaden beliebig diskretisiert und er wird durch ein
eindimensionales n-Polygon im Raum, den n Quellpunkten Qn mit den Koordinaten (Qx,Qy,Qz),
abgebildet. Das n-Polygon besitzt (n-1) finite Teilsegmente. Jedes finite Segment zwischen zwei
deklarierten Quellpunkten kann in einem Aufpunkt im Raum eine Induktionswirkung hervor-
rufen. Weil jeder Punkt im Raum (Ax,Ay,Az) ein Aufpunkt ist, gilt das Wechselwirkungsgeschehen als beschrieben immer dann, wenn jeder Quellpunkt jedes Wirbelfadens im Raum
zu jedem Punkt ebendort im Raum eine partielle Induktionswirkung beiträgt. Dies gilt für die
beiden Polygone der zweigängigen Wirbelspule des Repellers, sowie für die zwei Polygone der
zweigängigen Wirbelspule des Propellers. Die Summe aller Beiträge in jedem Punkt ist die
kumulierte Induktionswirkung an diesem Punkt. Die geordnete Schar aller Punkte bildet den
(Analyse- oder Betrachtungs-) Raum. Der Raum kann beliebig viele Wirbelfäden enthalten. Aus
der Anwesenheit von Wirbelstrukturen im Raum ergibt sich die so genannte „Impulsforderung

---

[9]Beschrieben in Mi. Felgenhauer (2024) Bastardized flow. wird ein Wechselwirkungsmodell, das jeden
Quellpunkt jedes Wirbelfadens im Feld mit jedem Aufpunkt jedes Wirbelfadens im Feld in Beziehung setzt. Eine
so genannte Ramsay-Anordnung von (numerischen) Funktionalitäten entsteht. Sie ist permutativ und wird für
bewegte Systeme im „3D Korridor-Modell" iterativ und sukzessive gelöst.
[10] Dies allerdings widerspricht der Wirbelfaden-Theorie von Helmholtz und wird an anderer Stelle diskutiert.

des Feldes", denn jeder Wirbelfaden enthält ja Punkte des Raums. So kommt es, dass jeder Quellpunkt an jedem Aufpunkt, der auch Punkt des Wirbelfaden ist, (in sich) selbst eine Induktionswirkung induziert. Viel übersichtlicher ist natürlich zu beobachten und numerisch zu beschreiben, wie jeder Quellpunkt auf einem Wirbelfaden jeden Punkt auf einem anderen Wirbelfaden als Aufpunkt erkennt und dort Induktionswirkung erzielt. Diese zeitlich diskreti-sierte Wechselwirkungsdynamik ist das erste eigentliche Berechnungsergebnis der Simulation. Eine graphische Darstellung des Windkanal-SetUps (Abb.4.) friert das dynamische Wechsel-wirkungsgeschehen um einen Wirbelspulendynamo ein[11].

Die Implementation des Dynamomodells lässt eine isolierte Betrachtung der Strömung unter reiner Repellerwirkung und einer „Zuschaltung der Strömungsarbeitsmaschine" in den Strö-mungsprozess zu. Die mit dem hier vorgestellten Verfahren berechneten Strömungsbilder dieser beiden Szenarien sind in der Abb.6 dargestellt. Gezeigt wird der richtungsbehaftete spezifische Impuls mit den Komponenten (i_x, i_y) in der Ebene der Rotorachse E(X,Y,15); wir sehen: das Betz'sche Gesetz[12] und die herrschende Lehrmeinung abbildend, entzieht der Repel-ler dem anströmenden Fluid Impuls (Abb.6, oben). Die Strömung wird energetisch abgeweidet, bleibt aber in Gang (Betz). Die Stromlinien weiten sich auf (Lehrmeinung, ein bisschen). Auch hier ist wieder sehr interessant zu beobachten, dass am Tragflügel-Tip des Repellers die Strö-mung lokal beschleunigt wird.
Der Repeller zahlt für den Impulsaustausch einen Preis: „No free Lunch!" Das kennen wir bereits aus der Bilanz des segelnden Tragflügels[13] in einem Korridor. Ich könnte (will aber nicht) nun den Vogelflug zitieren und wäre dann unmittelbar Teil einer Lösung zur effizienten Minderung des so genannten „SideWash" am Windmühlenrotor. Vielleicht sagen wir es so: die Wirbel-strömung im Nachlauf einer Rotationskraftmaschine bildet einen (Strömungs-) Mantel aus, den eine beschleunigte Schicht umgibt. In einem Modell das Dissipation, Impulsforderung, aber keine Reibung berechnet (Potentialtheorie), bleibt stromabwärts diese beschleunigte Mantel-strömung erhalten, solange die spiralige Form (im betrachteten Analyseraum) existiert. Die Entschleunigung der ablaufenden Strömung (Betz) dominiert den fluidischen Kraftprozess. Die Strömung im Kern der spiraligen Wirbelstruktur ist deutlich arm an richtungsabhängigen Impuls und sie ist nahezu rotorfrei!

Berechnung

Wirk-Prozess-Rechnung (WPR) im Simulationsmodell. Jeder der insgesamt vier simulierten Wirbelfäden ist durch ein Polygon P(X,Y,Z,400) beschrieben und ausreichend (Outlet) über den Analyseraum Feld F(30,30,30) deklariert. Aus der Darstellung (Abb.5) ist anzuerkennen[14], dass das in den Graphiken (Abb. 6) berechnete und betrachtete Induktionsgeschehen im Analyse-raum zu einem nicht geringen Teil physikalische Ursachen wahrnimmt, die fernwirkend sind. Das ist dem Ansinnen geschuldet, dass die Simulation am (rechten) Schnittuferrand des Analyseraums, Ebene E(30,Y,Z), das Induktionsgeschehen fortschreibt.

---

[11] Mi. Felgenhauer (2024) Die bastardisierte Strömung. Bastardized flow.
[12] Twele, J. Gasch, R. (2013): Windkraftanlagen. Grundlagen, Entwurf, Planung und Betrieb. Springer, Wiesb.
[13] Felgenhauer, Mi. (2024). Zur Kondition eines numerischen Fluid-Korridors. Condition of fluidic Corridor. GRIN-Verlag GmbH München, Katalognummer v1441067 (pdf, pod),
[14] Hardware: 8Core Intel i7 (2.67GHz); num. Modell: 129.600.000 Iterationen; FLOPs: 12.3 E^9; CPU-Time: 13368.026 [s]

In einem Strömungsfeld, das Wirbel enthält, herrscht eine Impulsforderung des Feldes gegenüber den Wirbelstrukturen. Die Wirbelfäden, die aus der Randkantenumströmung der Rotationsflügel des Wirbelspulen-Dynamos stammen, sind energiereich; sie sind zusammenhängend (Kohärenz) und ihre Wirkung auf das Feld ist richtungsbehaftet (Lagrange). Energiereich sind die Wirbelfäden hinsichtlich des Impulstransfers in das Feld und aus dem Feld heraus. Im realen Kraft- und Arbeitsprozess eines Wirbelspulen-Dynamos konkurrieren die Wirbelfäden um Impuls-Eintrag und Entnahme im Feld.

Es kommt also nicht nur zu einer Kompensation, die aus der Richtungsabhängigkeit der im Feld vorgefundenen Wirbelfäden stammt, also ihrer Topologie im Raum und ihrer Lage zu einander, sondern darüber hinaus überlagern die Zirkulationen der Wirbelfäden, die im Falle der Kraft- und Arbeitsprozesse im Feld vom Betrag her (in erster Annahme und in einem unglücklichen Fall) gleich sein sollen, aber verschiedene Vorzeichen haben. Theoretische Betrachtungen legen ein Szenario nahe, bei dem die Zirkulation an den Tragflügelspitzen des Repellers geringer ist als bei der Arbeitsmaschine. Dieser Ansicht folgen wir an dieser Stelle (leider) nicht!

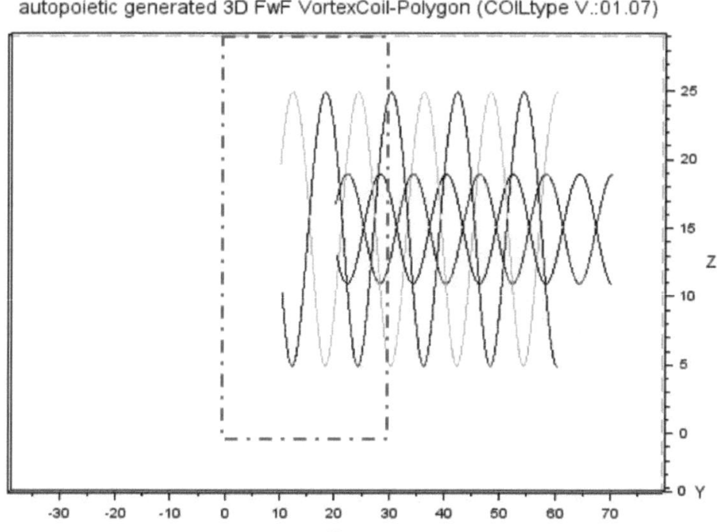

Abb.5: Konkurrierende Wirbelspiralen (-Polygone). Berechnet nach dem Simulationsmodell für den Wirbelspulen-Dynamo. Äußere Wirbelspur der Kraftmaschine K Ebene E(10,Y,Z) und innere Wirbelspur der Arbeitsmaschine A Ebene E(20,Y,Z).

Der reale Impulstransfer, also der tatsächlich dem Feld entzogene Impuls und der gleichzeitig und tatsächlich dem Feld einverleibte Impuls, ist nur zur Laufzeit des Prozesses und während der Iterationen messbar und bilanzierbar. Das ist die Brutto-Bilanz aus der Wirk-Prozess-Rechnung um den Wirbelspulen-Dynamo und damit die so genannte „Impulsmächtigkeit" des Transformationsvorgangs. Die so genannte „Impulswirksamkeit" ist die Netto-Bilanz der Wirk-Prozess-Rechnung. Die Impulswirksamkeit ist auch das Arbeitsergebnis der Simulation. Die graphischen Darstellungen zeigen in erster Linie die von den Wirbeln in das Feld induzierten

Geschwindigkeiten. Sie sind gleichzeitig der von der Masse befreite spezifische induzierte Impuls. Das numerische Simulationsmodell berechnet die Strömungsgrößen in allen deklarierten Punkten des Feldes. Der graphische Postprozess liefert berechnete Strömungsgrößen in Ebenen E, entlang deklarierter Achsen A oder Punkte S, den so genannten Sonden sowie abgeleitete Strömungsgrößen, wie erste und zweite Gradienten oder Integrale. Neben Kurven und Vektorbildern der Axialkomponente U und der Radialkomponente V und W und der Resultierenden R der (vektoriellen) Geschwindigkeiten im 3DFeld, sind auch Qualitätsgebirge mit dem Postprozessor des Simulationsmodells extrahierbar (wie Abb.7). Für die Bilanzen über das Feld schreibt das Programm einen alphanumerischen Report in ein Speichermedium.

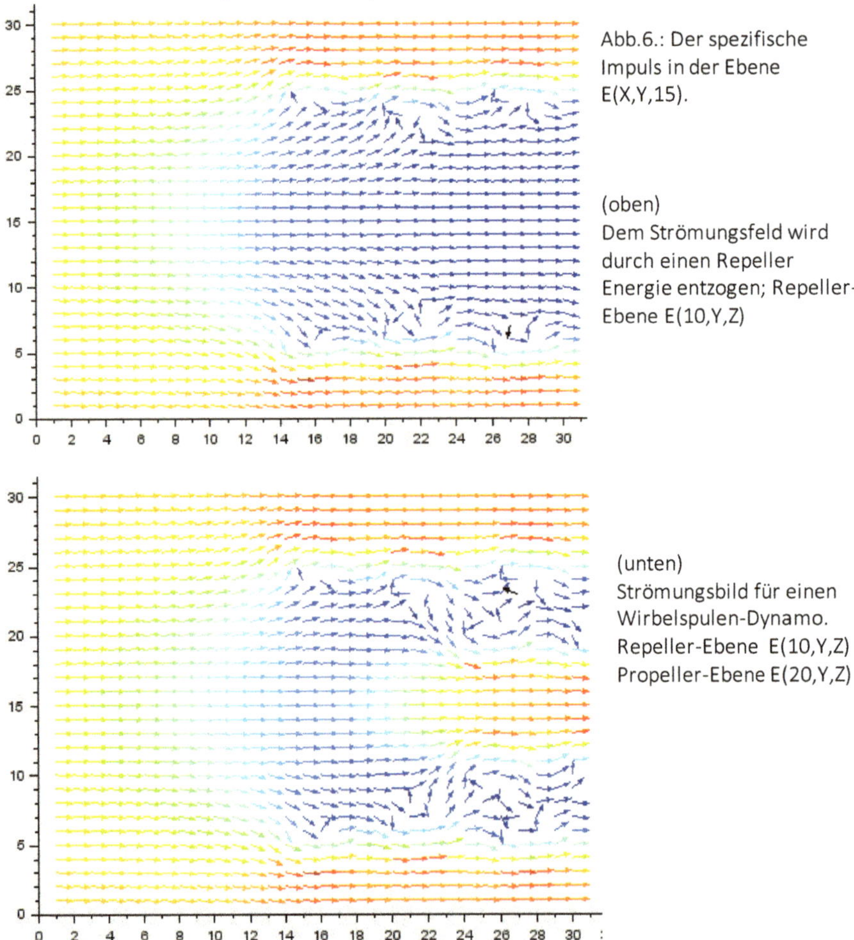

Abb.6.: Der spezifische Impuls in der Ebene E(X,Y,15).

(oben)
Dem Strömungsfeld wird durch einen Repeller Energie entzogen; Repeller-Ebene E(10,Y,Z)

(unten)
Strömungsbild für einen Wirbelspulen-Dynamo. Repeller-Ebene E(10,Y,Z) Propeller-Ebene E(20,Y,Z)

Driving the Fluid: Die Vektorgraphik der Abb.6 liest sich wie der Titel dieses Aufsatzes und steht für eine vergleichende Betrachtung des Fluids zweier Szenarien im Analyseraum. In der Darstellung (Abb.6, oben) sehen wir den Kraftprozess eines Repellers[15] in der Strömung (v∞>0).

---

[15] Siehe hierzu auch Abb.2: Repellerströmung

Die Position E(10,Y,Z) ist die Repeller-Ebene des Wirbelspulen-Dynamo. Die Darstellung unten (in Abb.6) zeigt eine Neuberechnung eines Szenarios mit Arbeitsmaschine auf einer gemeinsamen Welle. Die Propeller-Ebene ist E(20,Y,Z). Während die beschleunigte Hüllstruktur „Impuls kostet", liefert die innere Wirbelspule energetisch verwertbare Strömungsreaktion. Genau dort, in der beschleunigten Kernströmung, soll später die Leistungsturbine betrieben werden (sie aber ist an dieser Stelle nicht Gegenstand der Betrachtungen).

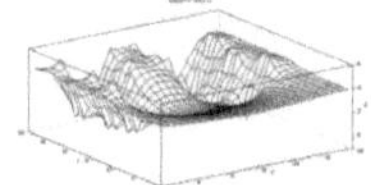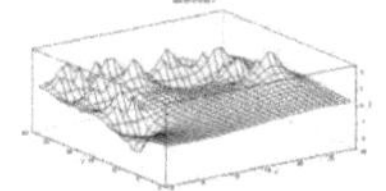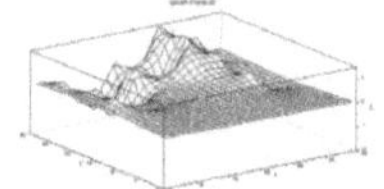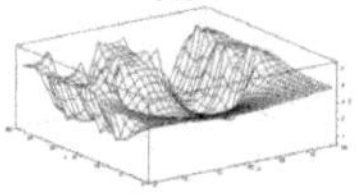

Abb.7. Induzierte Geschwindigkeit in der Ebene E(X,Y,15) in Komponenten: axiale Komponente U, die radialen Komponenten V und W und die Resultierende R (von links nach rechts).

Abb.8: Position einer Sonde im Feld: die in das Feld induzierte Geschwindigkeit vi (LT^{-1}) in den Komponenten U; V; W und Resultierende R; von links nach rechts.

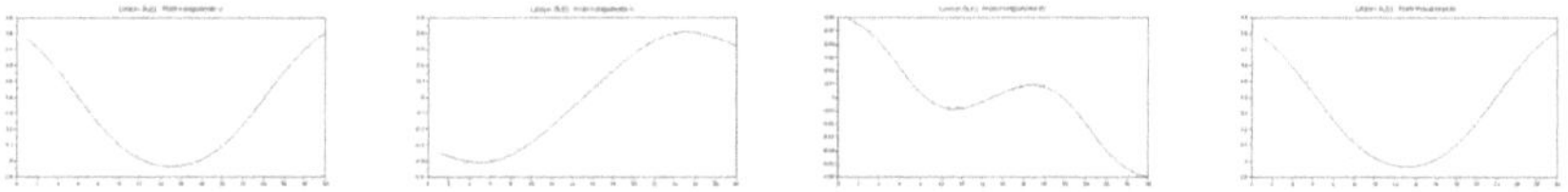

Position der Sonde im Feld: (5, Y, 15).

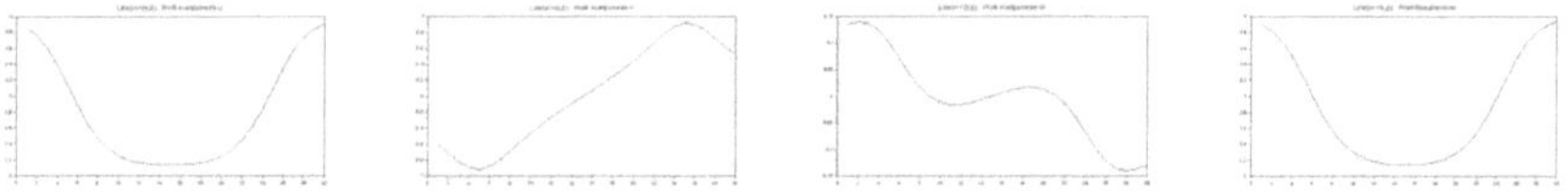

Position der Sonde im Feld: (10, Y, 15).

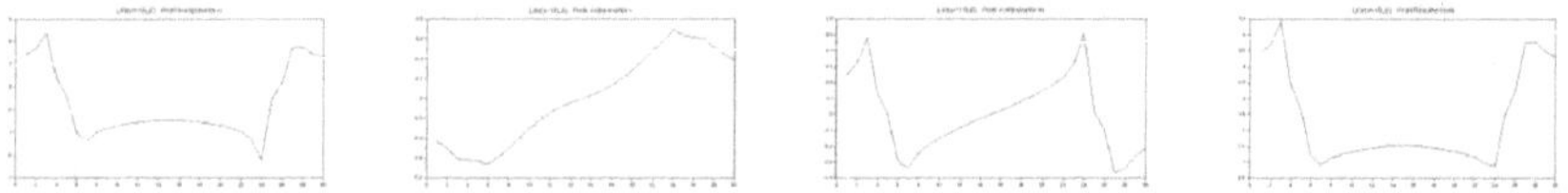

Position der Sonde im Feld: (15, Y, 15).

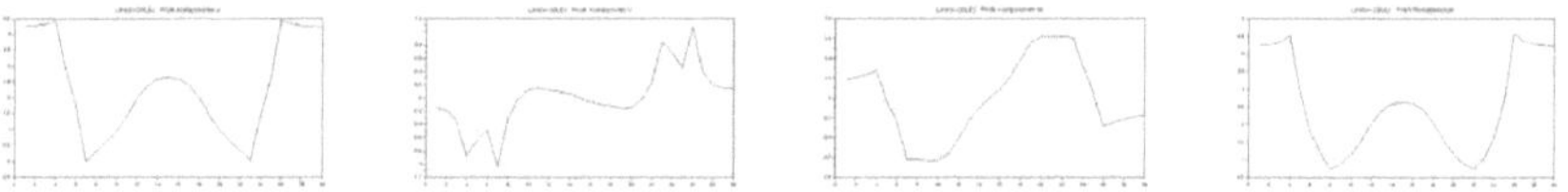

Position der Sonde im Feld: (20, Y, 15).

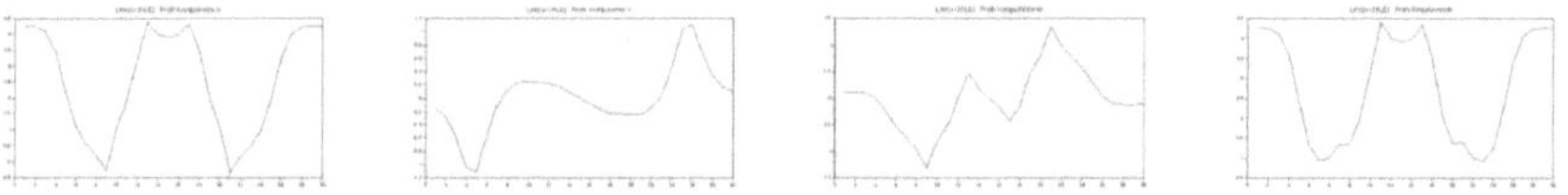

Position der Sonde im Feld: (25, Y, 15).

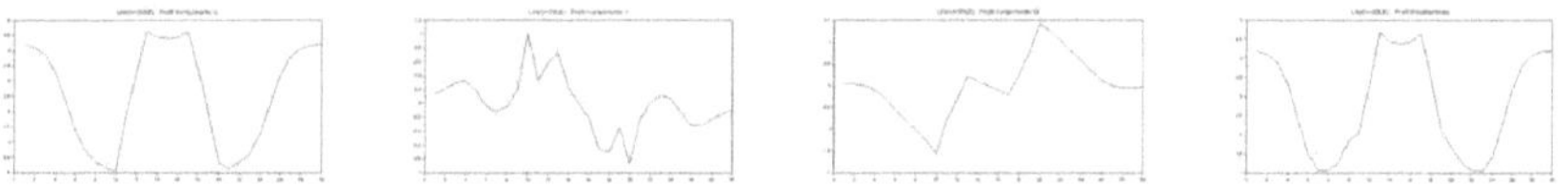

Position der Sonde im Feld: (30, Y, 15).

Das Qualitäten-Gebirge der Graphik zeigt (Abb.7. wie Abb.6.) einen Schnitt durch das Feld in der Ebene E(X,Y,15). Dargestellt sind die axiale Komponente U, die radialen Komponenten V und W und die Resultierende R der induzierten Geschwindigkeit. Die gemeine Gestaltungsabsicht (Design Intend) für ein Konzept des Wirbelspulen-Dynamos und die numerisch ermittelte (Tat-) Sache, dass die Radialkomponente den Prozess dominiert, kann als erfüllt gewertet werden. Weil die Auflösung der Graphik, Abb.7. nicht befriedigt, betrachten wir nun eine Serie von Sonden in der Ebene E(X,Y,15). Wäre da nicht die automatische Skalierung der Kurven durch das Steuerprogramm, läse sich die Serie beinahe wie ein hübsches Daumenkino!

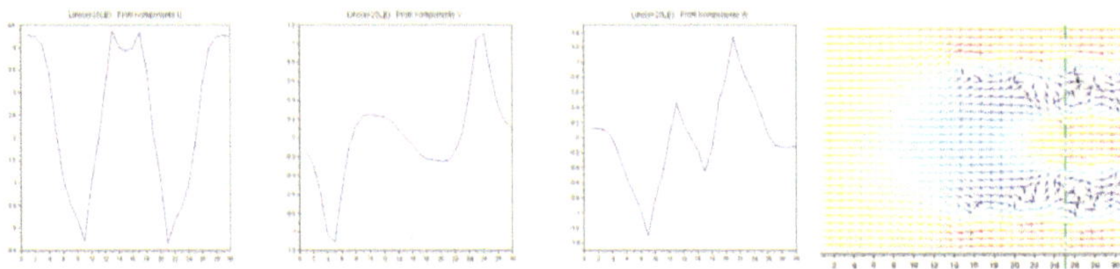

Abb.9. die in das Feld induzierte Geschwindigkeit vi (LT^{-1}) in den Komponenten U; V; W von links nach rechts. Schnitt und Position der Sonde im Feld: (25, Y, 15).

Für den Systementwickler, die Designerin, ist es durchaus ein produktives Ansinnen und Motiv, das numerische Simulationsmodell in der Weise eines Messinstruments zu verwenden: als einen virtuellen Windkanal. Um zu verstehen, was in Anwesenheit von Wirbelsystemen im fluidischen Raum passiert, betrachten wir eine der Sonden im Feld etwas näher (in Abb.9). Hier, an der Position E(25,Y,15) befinden wir uns nahe dem Ende des Analyse- und Betrachtungsraumes (grüne Linie, rechts im Bild). Die Kernströmung ist bereits gut ausgeprägt und die Fluidgeschwindigkeit auf einem hohen Niveau. Die Geschwindigkeiten des Fluids im Bereich der Mantelströmung sind (wenigstens) höher als die Anlaufströmung v∞ am linken Schnittufer des Analyseraums. In der Kernströmung dominiert die axiale Komponente U der Geschwindigkeiten und die radialen Anteile V und W der induzierten Geschwindigkeit sind deutlich geringer als U, aber nicht verschwunden. Weil die Radialströmung im realen Prozess eines Wirbelspulen-Dynamos als Verlust zu werten ist, zeigt das numerische Modell auf notleidende Gestaltungsabsichten der Systementwicklung. Dominant ist hier das Radialsystem des Repellers! Beide, die axiale und die radialen Komponenten, weisen auf einen höherenergetischen Prozess der Repellerströmung hin; während der Arbeitsmaschinenprozess auf den Betrachter wie eine abgeklärte Ansage wirkt. Prinzipiell sind die geometrischen Größen und die Maschinentopologie in der frühen Phase der Systementwicklung noch in einem plastischen Zustand und können durch eine numerische Simulation in verschiedene Richtungen bewegt und erprobt werden: das ist die eingeübte Argumentation „pro Simulation".
Betrachten wir nun die Entwicklung der Strömung entlang eines Pfades; eine Analyse-Strecke, die in der horizontalen Symmetrieachse des avisierten Wirbelspulen-Dynamos liegt. Die (materielle) Maschine als Störgeometrie lassen wir faktisch außen vor, so dass alleine die Induktionswirkungen im Strömungsbild der vier Wirbelfäden des fluidischen Modells sichtbar werden. Die Analyse entlang einer Linie E(X,15,15) liefert folgende Ansichten: die oberste Zeile (1) dieses Sets von Graphiken (in Abb.10) stellt die Entwicklung der Geschwindigkeit entlang des Analysepfades dar. Wir sehen: der in das Feld induzierte spezifische Impuls in seinen Komponenten U,

V, W und der Resultierenden R. Der spezifische Impuls ist der richtungsbehaftete und von der Masse befreite Impuls; er ist von der Größenordnung und seitens der Dimension $[LT^{-1}]$ gleich der an dieser Stelle in das Feld induzierten und dort kumulierten Geschwindigkeit.

Driving the Fluid. Dominanz einer Komponente herrscht, wenn die Resultierende aller, dieser Komponente ähnlich ist. Das ist hier für die Axialkomponente U der Fall. Die induzierten Geschwindigkeiten (respektive der spez. Impuls) in ihren Komponenten sind eine gute Grundlage für energetische Betrachtungen des Transfers und für die Kondition der Strömung als Solche. In und um einen Wirbelspulen-Dynamo erfährt das Fluid eine Reihe eklatanter Deformationen; die daraus herleitbaren physikalischen Phänomene der dynamischen Tragflügelumströmung in den Rotorebenen erklären den so genannten DownWash und SideWash[16] an den Rotoren.

Physikal. Größe	funktionaler Zusammenhang		Einheit	Dimension
Geschwindigkeit	v_i	ds/dt	$m \cdot s^{-1}$	$L \cdot T^{-1}$
Impuls	$F(v_i)$	$m \cdot v$	$kg \cdot m \cdot s^{-1}$	$M \cdot L \cdot T^{-1}$
Kraft	$F(v_i')$	$m \cdot dv/dt$	$kg \cdot m \cdot s^{-2}$	$M \cdot L \cdot T^{-2}$
Energie	$F(v_i'')$	$m \cdot v^2$	$kg \cdot m^2 \cdot s^{-2}$	$M \cdot L^2 \cdot T^{-2}$
Leistung	$F(v_i'',t)$	$m \cdot v^2/t$	$kg \cdot m^2 \cdot s^{-3}$	$M \cdot L^2 \cdot T^{-3}$

Im Diskurs um Maschinen, die im Fluid arbeiten (Propeller) oder dem Medium Energie entziehen (Kraftprozesse), ihrer numerischen Modelle und berechneter Simulationen, sei der funktionale Zusammenhang der in das Feld induzierten Geschwindigkeiten mit den Begriffen Impuls, Kraft, Energie und Leistung, wie sie in Bilanzen über das Feld auftauchen, kurz skizziert (Tabelle oben). Die in das Feld induzierten Geschwindigkeiten an jedem Ort besitzen mit den herrschenden Reaktionskräften den funktionalen Zusammenhang der zeitlichen Ableitung der Geschwindigkeit, der substantiellen Beschleunigung eines Masseteilchens an diesem Ort. Das ist die Änderung der Geschwindigkeit ebendort. Der Energiebegriff ist verbunden mit der 2. Potenz der induzierten Geschwindigkeit. Anders als für Praktikerinnen und Praktiker ist für einen Strömungstheoretiker der Energiebegriff ein unglücklicher Parameter, denn rein rechnerisch geht mit dem Quadrat der Geschwindigkeit in der Bilanz über das Feld, die pfadbedingte (Aus-) Richtung mathematisch verloren. Theoretisch ist man dann erst mit der Leistung am Fluid wieder in Position. Aus der Sicht des Fluids (Euler) ist Energie die „Deformationsarbeit am Fluid" (gemessen in Joule und der Dimension $M \cdot L^2 \cdot T^{-2}$), eine Folge der Verschiebungen und Verzerrungen des Kontinuums und damit der (Wash-) Semantik nützlich, sofern man sie präferiert.
Die das Wirbelsystem begleitende Sicht (Lagrange) richtet sich auf das Wechselwirkungsgeschehen während und nach einer erfolgten Impulsinduktion in das Feld.
Zeile 2 in Abb.10. zeigt den Gradienten, die lokale Änderung der induzierten Geschwindigkeit, entlang der Messstrecke. Mit dem spezifischen induzierten Impuls und seiner Gradienten werden die funktionalen Abhängigkeiten zu geläufigen Strömungsgrößen evaluiert: den Impuls selbst, die lokalen Kräfte, die umgesetzte Energie und sogar die Wirkleistung an einem Ort im Raum (entlang des Pfades). Zeile 2 ist die erste und Zeile 3 ist die zweite lokale Ableitung des spezifischen induzierten Impulses, respektive der 2. Ableitung der induzierten Geschwindigkeit $\delta^2 U$, $\delta^2 V$, $\delta^2 W$, Resultierenden $\delta^2 R$. Im stationären Fall sind die Kurven der Graphik (Abb.10) Zeitsignale. Die Zeile 4 zeigt das Integral der induzierten Geschwindigkeit $\int dU$, $\int dV$, $\int dW$ und der Resultierenden $\int dR$ über den Analysepfad. Auch hier sehr schön zu sehen: das „Impuls

---

[16] DownWash und SideWash sind moderne Narrative, die die herrschende Lehrmeinung gegenüber den klassischen Ansichten Prandtls und der Traglinientheorie seiner Zeit abgrenzen.

fordernde Feld sammelt ein!" Und zwar in dominanter Weise die axialen Anteile des induzierten Impulses. Dies ist ein durchaus erwartbares Arbeitsergebnis der Simulation.

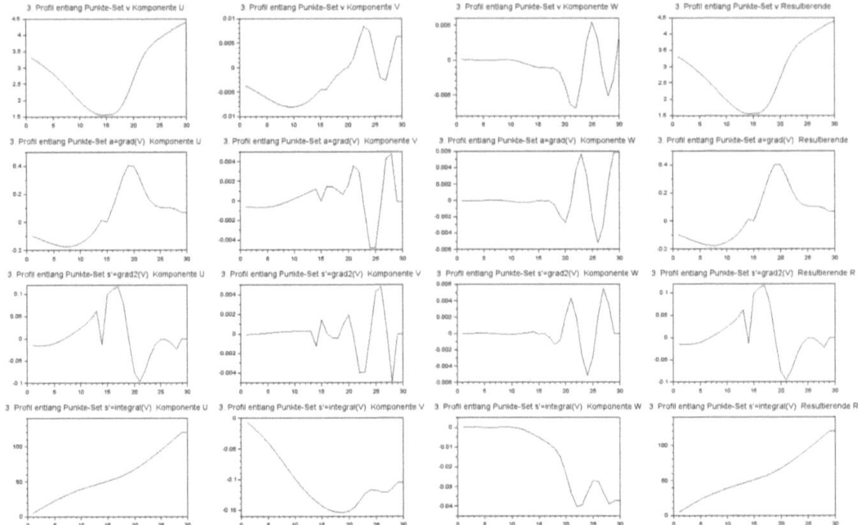

Abb.10. Simulierte, berechnete und abgeleitete Größen des induzierten spez. Impulses im Feld. Der Pfad der Messstrecke beschreibt die Linie E(X,15,15).
Zeile   1: die entlang einer Messstrecke induzierte Geschwindigkeit U, V, W, Resultierende R.
Zeile   2: der Gradient der induzierten Geschwindigkeit dU, dV, dW, Resultierende dR.
Zeile   3: die 2. Ableitung der induzierten Geschwindigkeit δ^2U, δ^2V, δ^2W, Resultierende δ^2R.
Zeile   4: Integral der induzierten Geschwindigkeit $\int$dU, $\int$dV, $\int$dW, Resultierende $\int$dR.
Spalte 1: Komponente U des induzierten spez. Impulses. Axialkomponente.
Spalte 2: Komponente V des induzierten spez. Impulses. Radialkomponente.
Spalte 3: Komponente W des induzierten spez. Impulses. Radialkomponente.
Spalte 4: Resultierende mit $R^2 = U^2+V^2+W^2$ des induzierten spez. Impulses.

Weitere Bilanzen im Feld
Neben den Vektorgraphiken und den extrahierten Kurven erstellt das Post-Programm einen Report über die bilanzierten Strömungsgrößen im Feld[17] und ein qualitatives Histogramm in einer Graphik (Abb.11). Bilanziert wird das Feld unter den Anfangsrandbedingungen (v∞, cp0) ohne Einbauten und Wirbelstrukturen (Abb.11, pos1). Sobald ein Feld Wirbelstrukturen (LCS, jeglicher Art) enthält, besteht eine Impulsforderung gegenüber den Lagrange Kohärenten Systemen (LCS). Der jemals in das Feld induzierte Impuls ist die Wirk- oder Impulsmächtigkeit der fluidmechanischen Induktion (Impuls-Brutto, Abb.11, pos2). Das Feld ist kumulativ; es sammelt den induzierten Impuls ein. Die Bruttobilanz kann nur während der Laufzeit ermittelt werden. Im numerischen Modell erfolgt die Kumulation asynchron und sukzessive als algorithmische Iterationen. Im Feld kommt es nun zu Überlagerungen und lokalen Auslöschungen. Die

---

[17] Report: die alphanumerischen Bilanzen im Anhang dieses Aufsatzes

Impulswirksamkeit der Impulsforderung an die LCS-Wirbelstrukturen ist die im Feld hinterlassene, „physikalisch spürbare" Induktion (Impuls-Netto, Abb.11, pos3).

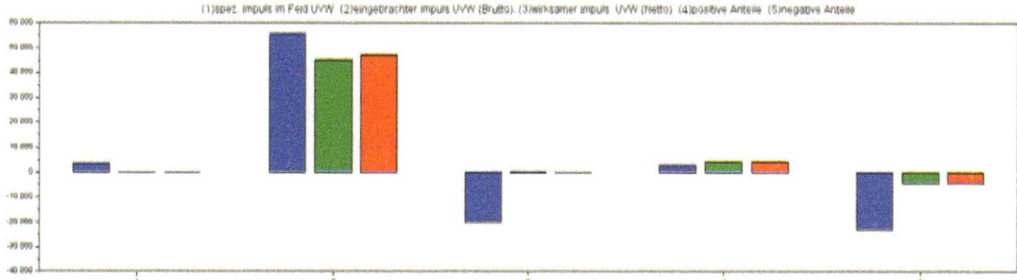

Abb.11. Spezifischer Impuls im Feld i [LT^{-1}] in den Komponenten i(U,V,W). Das Feld unter den Anfangsrandbedingungen(POS1), Impulsmächtigkeit (Bruttobilanz: POS2). Impulswirksamkeit (Netto-Bilanz: POS3). Positive (POS4) und negative Anteile (POS5) der Impulswirksamkeit.

Die Impulswirksamkeit (aus der Impulsforderung des Feldes an die LCS stammend) ist das eigentliche Berechnungsergebnis der numerischen Modellsimulation des Strömungsgeschehens. Die Strömungsgrößen werden berechnet, analysiert und weiterverarbeitet und als Analysedaten in den Graphiken als Vektorbilder oder Kurven der Strömungsgrößen dargestellt. Das Induktions-Netto, also der „spürbare" Impuls im Feld und damit den Messdaten an einen realen Windkanal evident, enthält selbst wieder Anteile mit positiven und negativen Vorzeichen (Impuls-Netto, Abb.11, pos4 und pos5). Aus der Graphik und der alphanumerischen Bilanz lesen wir einen „negativen Betrag" der Impulswirksamkeit ab: das ist die Reaktionskraft (Schub) im fluidischen Nachlauf des Wirbelspulen-Dynamos. Und nährt damit die Idee des Aggregats und die Gestaltungsabsicht der Kampagne. Das generalisierte Modell und die auf die Dimensionen skalierte Bilanz weisen Zahlenwerte aus, die auf den ersten Blick ihrer Größenordnung wegen erstaunen; aber wir betrachten hier ein Analysegebiet von R(30,30,30) Elementen. In dieser Untersuchung wurde der Anschauung wegen von der Modellrechnung eines „realen" Wirbelspulen-Dynamos abgesehen[18].

Aus dem Report:

```
###################################################################
   cum U(xyz)               [L/T]   -20084.499
   cum V(xyz)               [L/T]    206.39286
   cum W(xyz)               [L/T]    99.134001
###################################################################
```

Wir sehen: der spezifische kumulierte Impuls und damit korreliert die im Feld wirksame reaktive Schubkraft, ist nur gering rotorbehaftet und sie ist von negativem Vorzeichen (stromabwärts positiv, also Schub). Die radialen Anteile des Impulses an der Strömung beziffern sich im niedrigen Prozentbereich (<1%). Die Impulswirksamkeit beträgt weniger als ¼ der jemals im Prozess umgesetzten Induktion[19]. Das ist eine Rate die (sehr wahrscheinlich) nicht befriedigt immer dann, wenn als ein Maß für die Güte des Prozesses das Verhältnis (η=) Impulswirksam-

---

[18] Dieserart Ausführungen findet die geneigte Leserin, der Leser in: Felgenhauer, Mi. (2024) How a tip vortex shapes the fluid flow. GRIN-Verlag GmbH München
[19] Siehe: vollständiger Report der Induktionsbilanz im Anhang dieses Aufsatzes.

keit zu Impulsmächtigkeit gesehen wird. In der Analysepraxis interessiert eher die Kondition des Fluids vor Eintritt in das Aggregat und dann in seinem Nachlauf, also dort, wo sich hinter einem realen Wirbelspulen-Dynamo die Leistungsturbine LT befinden soll (Abb.1.).

Schlussbetrachtung

Das Wechselwirkungsgeschehen im Feld und die Konditionierung des Fluids durch eine kombinierte Kraft- und Arbeitsmaschine, nach dem Prinzip des Wirbelspulen-Dynamo, sind Gegenstand der theoretischen Betrachtungen in diesem Aufsatz. Ein erstes numerisches Modell der fluidmechanischen Induktion einer Strömung durch spiralige Wirbelformationen in einem Feld liefert Hinweise auf die fluidischen Deformationen dort: Driving the Fluid!
Für eine Systementwicklung in der Konzeptphase, deren Arbeitsergebnis das (produkt-) neutrale „Lösungsprinzip" ist, aber auch für die Beschreibung erster geometrischer Zusammenhänge in der Entwurfsphase einer technischen Neuentwicklung, liefert die Simulation des Strömungsraumes um den Wirbelspulen-Dynamo nützliche Hinweise und/oder Bestätigung gestalterischer Annahmen, hier beispielsweise eine vorgewählte, bauliche Anordnung von Kraft- und Arbeitsmaschine auf der gemeinsamen Welle, in dieser Reihenfolge und in Strömungsrichtung.
Von Anfang an bestand die Gestaltungsabsicht, in der Verbesserung der Kondition einer Strömung durch Konzentration vermittelt durch einen fluiddynamischen Prozess und mit dem Ziel, im Nachlauf des Wirbelspulen-Dynamos eine Leistungsturbine zu betreiben. Ebenfalls bezeichnete der Desig-Intend eine „einfache und dennoch wirkungsvolle" aber dynamische Strömungsmaschine nach dem Wirbelspulen-Prinzip (Konzentrator) etwa der Berliner Windkraftanlage BERWIAN.[20,21] Wenn wir auf das stationäre Strömungsgeschehen um die BERWIAN sehen, ist der hier beschriebene Wirbelspulen-Dynamo auf den ersten Blick ein wenig komplizierter als der elegant anmutende Stator des Windkonzentrators aus den 80er Jahren des vergangenen Jahrhunderts. Auf diesen ersten Blick hin werden wir einer fluidmechanischen Rotationsmaschine gewahr, die zwar nur zwei bewegliche Bauteile besitzt, aber hinsichtlich ihres Massenausgleichs erster und zweiter Ordnung gestalterisch ausbalanciert werden möchte. Betrachten wir die wunderhübsche BERWIAN im Detail, und Kaschub, Peintinger[22] und Andere taten dies damals in den 80ern ausführlich, begegnen uns eine Vielzahl beweglicher Teile: entworfen, konstruiert und montiert mit dem Ziel, dem Stator eine ausreichende Betriebshärte[23] in der Strömung und eine dynamische Anpassung an die Anlauf-Randbedingung v∞ zu verleihen. Handelsübliche kleine Windräder in der Größenordnung und der Turbinenleistung der BERWIAN und mit ihr konkurrierend, waren einfacher gestaltet, und: sie konnten abbremsen und dann abschalten (die harte, die wirksame Tour), aus dem Wind drehen (nicht

---

[20] Die Berliner Windkraftanlage BERWIAN ist eine Wind-Konzentrator-Kraftanlage der Technischen Universität Berlin aus den 80er Jahren d.v.J.: https://de.wikipedia.org/wiki/Windkonzentrator
[21] DE3330899A1 * 1983-08-25 1985-03-14 Prof. Dr.-Ing. Ingo Rechenberg, Berlin: Anordnung zur Vergrößerung der Geschwindigkeit eines Gas- oder Flüssigkeitsstromes.
[22] Kaschub, M. (1989) Beitrag zur aerodynamischen Leistungsregelung des Wirbelspulen-Windenergie-Konzentrators. Fortschrittsberichte VDI Reihe 7 Nr. 163, VDI-Verlag Düsseldorf.
Peintinger, G. (1989) Theoretische und experimentelle Untersuchungen an einem Segelflügel-Windkonzentrator. Dissertation FB10 Technische Universität Berlin 1989.
[23] „Resilienz" würde man heute vielleicht sagen (sollen). Im Freifeld wurde die BERWIAN während ihrer Entwicklung niemals „sich selbst überlassen". Anders als (nicht konzentrierende) Windräder dieser Zeit konnte die (Stator-Konzentrator-) Windkraftanlage nur mittelbar aus dem Wind genommen werden, durch eine Mastlegeeinrichtung der mobilen Anlage. Der passive Sturmschutz dort war durchaus dynamisch: Stall-Regelung!.

eben so elegant), mit kollektiver Blattverstellung einregeln (schön, aber aufwändig) oder bis zum aerodynamischen Stall quasi freidrehen (was man sich damals nicht zu beherrschen traute). All das konnte die BERWIAN vom Stand der Technik der 80er Jahre nicht. Die Tragflügel ihres Statoren-Kranzes waren beweglich und mit (lokalen) Zugfedersystemen belastungs-adaptiv-nachgiebig gestaltet. Die gesamte Anlage verstand sich als Lee-Läufer, der sich - ähnlich einer Windfahne - automatisch ausrichtet. Im windarmen, sonst aber böigen Binnenland, beruhigte dieses Lee-Konzept den Kraftmaschinenprozess nicht! Dafür aber erreichte die unge-regelte, dreiarmige Leistungsturbine[24] Drehzahlen von 3000 min^{-1} und mehr; sie war ein energetischer „Allesfresser" und im Betrieb sehr effizient. Die im Tragflügelkranz verteilten Zugfedersysteme und die aufklappbaren Tragflügel waren fluidmechanisch sensibel aber auch störungsanfällig. Später verzichtete man auf diese aufwändige Mechanik, fertigte in Alu und Edelstahl - dieser BERWIAN-Typ wurde intern „Eisen-Else" genannt - und gab sich umfänglicher Hoffnungen hin, dass es (draußen, in der bösen Welt) gut ausgehen möge (heute, etwa: plug and pray). Die Eisen-Else ging niemals in den Feldversuch. Der experimentelle Forschungs-betrieb, auch mit ihren eleganten Vorgängerinnen, fand in den 90er Jahren ein schleichendes Ende. Als das FG Bionik und Evolutionstechnik der TU Berlin Ende der 2010er Jahre endgültig schloss, verschwanden die Berichte der TU-, DFG- und BMBF-Projekte, die umfangreichen Messprotokolle der Forschung und Studien- und Diplomarbeiten; ja, die BERWIANe selbst![25]

Ein Simulationsverfahren auf der Grundlage einer Analogie des Wirbelgeschehens im Fluid mit der komplexen Elektrodynamik und ihrer Herkunft aus der Potentialtheorie, später der Feld-theorie, wurde vorgeschlagen (Kaschub und Peintinger, 1989), aber nicht ausentwickelt oder theoretisch hinterlegt und auch nicht als numerische Methode implementiert. Insofern blieb aus dieser Zeit die Simulation des Wirbelgeschehens, respektive spiraliger Wirbelformen als ein „Cold Case" der Berliner Bioniker um Ingo Rechenberg und dem Fachgebiet Bionik und Evolu-tionstechnik der Technischen Universität Berlin, zurück. In der „großen Wissenschaft" der 00er und 10er Jahre dieses Jahrhunderts geriet die Forschungsfrage des Wechselwirkungsgesche-hens in und um fluidmechanische Wirbelspulen weiter und weitestgehend in Vergessenheit oder wurde versehentlich als den CFD-Verfahren[26] inhärente Lösung behandelt. Was aber nicht der Fall war und auch bis heute nicht der Fall ist! Denn die in gitterbehafteten Methoden deklarierten Wirbelkonstrukte schließen Wirbelfäden und Filamente im Sinne Helmholtz kate-gorisch aus, weil sie potentialtheoretisch begründet und damit reibungsfrei, dissipationslos, vor allem aber weil sie von der herrschenden Lehrmeinung ungeliebt bleiben. Auch das Konzept der Lagrange Kohärenten Systeme (LCS), wie es von Haller und seinen Mitarbeiterinnen und Mitarbeitern seit zwei Jahrzehnten erfolgreich vertreten wird, fand bislang keinen allgemein-gültigen Eingang in die herrschende Lehrmeinung über Strömungsmechanik, mehr noch: die gerade in Mode gekommenen, gitterlosen SPH-Verfahren[27] verharren bis auf sehr wenige Aus-nahmen (Sun u.A., 2016) reserviert gegenüber den numerischen Methoden LCS-basierter Ana-lysen, Bilanzen und Synthesen, wie sie in diesem Aufsatz vertreten werden; was wundert, denn: sind SPH-Verfahren doch selbst gitterlos und ihre Akteure (die Particles) Lagrange Kohärente Objekte im Sinne Hallers und Helmholtz. Insofern liegt der Diskurs über das verwendete Verfahren dieses Aufsatzes noch vor uns. Die Simulationserkenntnisse aus den numerischen

---

[24] Leistungsturbine, ein Gleichstromgenerator mit Schleifkohlen-Kollektor. Betreibbar als Heizmühle.
[25] Augenzeugen aus der Ackerstrasse in Berlin Wedding, berichteten von kleinen weißen Lieferwagen. Ein Untersuchungsverfahren der Technischen Universität Berlin zum Verbleib der Akten und Exponate wurde 2023 eingestellt.
[26] CFD: Computational Fluid Dynamics, numerische Verfahren der Strömungssimulation und Berechnung.
[27] SPH: Smoozed Particle Hydrdynamics, ein gitterloses Verfahren der Strömungssimulation.

Modellen und den skalierten Anfangsrandbedingungen lassen sich aber durchaus als eine Fortschreibung der experimentell gewonnenen (Mess-) Ergebnisse am Windkanal und mit dem BERWIAN-Modell am FG Bionik der 80er und 90er Jahre erkennen und einen Wirbelspulen-Dynamo der nunmehr 20er Jahre dieses Jahrhunderts als anschließenden Gedanken ansehen. Mehr möchte ich aber zur kritischen Einordnung des vorliegenden Aufsatzes nicht beitragen.

Blicken wir nach vorn und fragen uns: "gibt es eine Zukunft für durch Wirbel induzierte Transformationsverfahren? Finden wir uns in wenigen Jahren umgeben von Windrädern nach dem Prinzip des Wirbelspulen–Dynamo?"

Natürlich nicht! Vielmehr stellt sich die Aufgabe, Forschungsfragen und zukünftige Entwicklungsziele zu formulieren und auf wenigstens vage Gestaltungsabsichten hinzudeuten[28].

Die Forschungsfragen sind eigentlich Entwicklungsaufgaben, die den Unterlassungen dieser Untersuchungskampagne entstammen:

(/) Interaktion Lagrange Kohärenter Systeme: Welchem Wechselwirkungseinfluss erliegen die Wirbelfäden untereinander im fluidischen Nachlauf des Wirbelspulen-Dynamos?

(/) Taugt in diesem Zusammenhang die Ramsay-Methode[29] auch für das Windkanal-SetUp?

(/) Können skalierte Modelle für die Simulation und den Entwurf realer Wirbelspulen-Dynamo-Aggregate (Wirbelbasierte Real-Prozess-Rechnung) genutzt werden?

(/) Bislang fehlen: systematische Untersuchungen über das idealisierte Zusammenspiel von Wirbelspulen-Dynamo und Leistungsturbine mit numerischen Modellen, Simulationen.

(/) Referenz-Untersuchungen am Windkanal.

(/) Systematische Untersuchung geometrischer Parameter von Prototypen des Wirbelspulen-Dynamo-Aggregats und Betriebsgrößen in Standard- Prozess-Szenarien.

(/) Systematik der Gebrauchsmuster und Patente zu Wirbelspulen-Dynamo-Aggregaten.

(/) Folgefragen: Vergleich aerodynamischer Leistungsturbinen und Aerosol-Widerstandsläufer (OffShore); Theorie der Mischgase und Aerosole, Modelle und Verifikation der Simulationen im Windkanal und im realen Freifeld.

Hinsichtlich der gestalterischen Zukunft des Wirbelspulen-Dynamos als Aggregat und auch einer Produktzukunft als Windkraftanlage die sich der Strömungskonzentration durch Wirbelspuleneffekte bedient, werden wenigstens drei Handlungspfade sichtbar. (1) Da ist einerseits die Absicherung des Konzepts durch mehr und deutlich verbesserten Code für die numerischen Modelle und entsprechendem Simulationsaufwand; das ist der Weg in den Elfenbeinturm. An diesem guten Ort (mittlere Etage) werden später auch mit einander wettstreitende Konzepte evaluiert. So wissen wir heute beispielsweise nicht, welche Überraschungen einigen in der Vergangenheit totgesagten Konzepten (einarmige Schnellläufer, adaptive Profilgeometrien, Wassereinspritzung in den offenen Turbinenprozess, Bindung der Randwirbel am Repeller-Tip und andere lustige Sachen) innewohnen. (2) Auf der anderen Hand sucht der Wirbelspulen-Dynamo Wege in die praktische Realisierung, beginnend mit einem Prototypenmodell, der sukzessiven Patentierung[30] des Systems und der Detaillösungen und der Suche nach Partnern in der Systementwicklung. Und den dritten Weg gibt es ja immer: man könnte den fluidmechanischen Wirbelspulen-Dynamo jetzt und heute ganz undramatisch: begraben.

Mi. Dienst im Frühjahr 2024

---

[28] Design nach: de signum (lat.), deuten auf etwas, bezeichnen. Und Design Intend als: die Gestaltungsabsicht.

[29] Die für einen fluidischen Korridor entwickelte selbstreferentielle, autopoietische Ramsay-Methode der komplexen Wirbel-Wirbel-Interaktion. Siehe auch: Felgenhauer, Mi. (2024) Condition of fluidic Corridor. GRIN-Verlag GmbH München, Katalognummer v1441067

[30] Die Freigabe der Patentrechte nach dem AErfG an den Autor durch die Arbeitgeberbehörde erfolgte 042024.

Literatur zum Stand der Technik und der Lehrmeinung über Windkrafttechnik.

[Twe -13]   Twele, J. Gasch, R. (2013): Windkraftanlagen. Grundlagen, Entwurf, Planung und Betrieb. Springer, Wiesbaden 2013

[Hau -14]   Hau, E. (2014): Windkraftanlagen – Grundlagen, Technik, Einsatz, Wirtschaftlichkeit. 5. Auflage. Springer, 2014

[Kal -13]   Kaltschmitt,M. , Streicher, W. , Wiese, A. (2013): Erneuerbare Energien. Systemtechnik, Wirtschaftlichkeit, Umweltaspekte. Berlin/Heidelberg 2013

[Kus -22]   Kusiek, A. (2022): Windenergieanlagen. Technologie - Funktionsweise – Entwicklung. Hanser Verlag

[Schu -98]   Schulz, H. (1998) Kleine Windkraftanlagen. Technik. Erfahrungen. Meßergebnisse. Ökobuch-Verlag

[Mol -90]   Molly, J. P. (1978) Windenergie in Theorie und Praxis. Grundlagen und Einsatz. Verlag C. F. Müller.

Internetz
[W2]   Der Satz von Kutta-Joukowski beschreibt in der Strömungslehre die Proportionalität zwischen dynamischen Auftriebs und Zirkulation. (abgerufen 062023) https://de.wikipedia.org/wiki/Satz_von_Kutta-Joukowski

[W3]   https://de.wikipedia.org/wiki/Windkonzentrator

[W4]   Benannt wurde dieses Gesetz nach den beiden französischen Mathematikern Jean-Baptiste Biot und Félix Savart, die es 1820 formuliert hatten.Es stellt neben dem ampèreschen Gesetz eines der Grundgesetze der Magnetostatik, eines Teilgebiets der Elektrodynamik, dar. https://de.wikipedia.org/wiki/Biot-Savart-Gesetz

Patente
[P1]   DE3330899A1 * 1983-08-25 1985-03-14 Prof. Dr.-Ing. Ingo Rechenberg, Berlin: Anordnung zur Vergrößerung der Geschwindigkeit eines Gas- oder Flüssigkeitsstromes.

[P2]   DE19646543A1 Verfahren und Einrichtung zur Herstellung, Weiterleitung und Umformung von Wirbeln zur Herstellung von Wirbelspulen, bestehend aus geschwindigkeitskonzentrierten Wirbeln hoher Stabilität in Fluiden.

Bibliographie und unterstützende Literatur

[Abbo-59]   Ira H. Abbott, Albert E. von Doenhoff: Theory of Wing Sections: Including a Summary of Airfoil Data. Dover Publications, New York 1959.

[Bann-02]   Bannasch, Rudolph. Vorbild Natur. In: design report 9/02, S.20ff. Blue. C Verlag Stuttgart: 2002.

[Bech-97]   Bechert, D.W., Biological Surfaces and their Technological Application. 28th AIAA Fluid Dynamics Conference: 1997

[Die - 09]   Dienst, Mi.(2009) Physical Modelling driven Bionics. GRIN-Verlag München.

[DUB-95]   Dubbel, Handbuch des Maschinenbaus, Springer Verlag Berlin, 15.Auflage 1995.

[Eppl-90]   Richard Eppler: Airfoil Design and Data. Springer, Berlin, New York 1990.

[Fel - 22]   Felgenhauer, Mi. (2022). Fluid within Fluid Modellierung. Methoden für das FwF Computing. GRIN-Verlag GmbH München, ISBN (Buch):9783346662637, VNR: v1234590

[Fren-94]   French, M.: Invention and Evolution: design in nature and engineering. Cambridge University Press. Cambridge 1994.

[Fren-99]   French, M.: Conceptual Design for Engineers. Berlin, Heidelberg, New York, London, Paris, Tokio: Springer: 1999

[Guen-98]   Günther, B., Morgado, E. (1998) Dimensional analysis and allometric equations concerning Cope's rule. RevistaChilena de Historia Natural 71: 1989

[Gör-75]   Görtler, H. Diemensionsanalyse. Berlin Springer 1975

[Gorr-17]   Edgar Gorrell, S. Martin: Aerofoils and Aerofoil Structural Combinations. In: NACA Technical Report. Nr. 18, 1917.

[Guen-66]   Günther, B., Leon, B. (1966) Theorie of biological Similarities, nondimensional Parameters and invariant Numbers. Bulletin ofMathematicalBiophysics Volume 28, 1966.

[Hal-10]   G. Haller. (2010) A variational theory of hyperbolic Lagrangian Coherent Structures. Physica D: Nonlinear Phenomena,240(7):574–598,2010.

[Hal-00]   G. Haller, G.Yuan Lagrangian coherent structures and mixing intwo-dimensional turbulence, Division of Applied Mathematics, Lefschetz Center for Dynamical Systems, Brown University, Providence, RI 02912, USA Received 11 February 2000;

[Hal-01]   Haller, G. (2001). Distinguished material surfaces and coherent structures in three-dimensional fluid flows. Physica D: Nonlinear Phenomena, 149(4),

[Hal - 05]   Haller, G. (2005) An objective definition of a vortex J. Fluid Mech. 525, 1-26.

[Hal-11]   Haller, G. (2011). A variational theory of hyperbolic Lagrangian coherent structures. Physica D: Nonlinear Phenomena, 240(7)

[Hal-14]   Farazmand, M., Blazevski, D., & Haller, G. (2014). Shearless transport barriers in unsteady two-dimensional flows and maps. Physica D: Nonlinear Phenomena, ESSOAr

[Hal - 13]   Haller, G., & Beron-Vera, F. J. (2013) Coherent Lagrangian vortices: The black holes of turbulence. J. Fluid Mech., 731, R4, 2013.

[Hal – 15-1]   Haller, G. (2015) Lagrangian Coherent Structures. Annual Rev. Fluid. Mech, 47,

[Hal – 15-2]   Haller, G. (2015) Dynamically consistent rotation and stretch tensors for finite continuum deformation. submitted.

[Hal-16]   Haller, G., Hadjighasem, A., Farazmand, M., & Huhn, F. (2016). Defining coherent vortices objectively from the vorticity. Journal of Fluid Mechanics,

[Hel - 58]   Helmholtz, H. (1858) über Integrale der hydrodynamischen Gleichungen, welche den Wirbelbewegungen entsprechen. J. Reine und Angew. Math. 55.

[Hüt-07]   Hütte, 2007, 33. Auflage, Springer Verlag. S.E147

[Hus - 86]   Hussain, A. K. M. F. (1986) Coherent structures and turbulence. J. Fluid Mech.

[Hun - 88]   Hunt, J. C. R., Wray, A. A. & Moin, P. (1988) Eddies, stream, and convergence zones in turbulent flows. Center for Turbulence Research Report CTR-S88.

[Kar-35]   Karman von,T. Burgess J.M. (1935) General aerodynamic theory: perfect fluids, In Aerodynamic Theory vol. II (cd. W. F. Durand), Leipzig: Springer Verlag.

[Katz-01]   Joseph Katz, Allen Plotkin (2001) Low-Speed Aerodynamics (Cambridge Aerospace Series) Cambridge University Press; 2 edition (February 5, 2001)

[Kab-89]   Kaschub, M. (1989) Beitrag zur aerodynamischen Leistungsregelung des Wirbelspulen-Windenergie-Konzentrators. Fortschrittsberichte VDI Reihe 7 Nr. 163, VDI-Verlag Düsseldorf.

[Kra-86]   Krasny, R. (1986) Desingularization of Periodic Vortex Sheet Roll-up. Courant Instirute oJ' Mathematical Sciences, New York Unioersity, 251Mercer Street, Nen, York, New York 10012, received November 15, 1981; revised July 25, 1985

[Kat-19]   Katsanoulis, S., Farazmand, M., Serra, M., & Haller, G. (2019). Vortex
             boundaries as barriers to diffusive vorticity transport in two-dimensional flows.
             arXiv preprint arXiv:1910.07355 .

[Ker-17]   Kern, M., Hewson, T., Sadlo, F., Westermann, R., & Rautenhaus, M. (2017).
             Robust detection and visualization of jet-stream core lines in atmospheric flow.
             IEEE transactions on visualization and computer graphics, 24(1), 893{902.

[Liao-03]   Liao, J.C.; Beal, D.; Lauder, G.; Triantayllou, M. Fish Exploting Vortices Decrease
             Muscle Activty.In: Science 2003, S. 1566-1569. AAAS. 2003.

[Lech-14]   Lecheler, S. (2014) Numerische Strömungsberechnung Springer Verlag Berlin
             Heidelberg. ISBN 978-3-658-05201-0

[Lun-82]   T. S. Lundgren, T.S. (1982) Strained spiral vortex model for turbulent fine
             structure, The Physics of Fluids 25, 2193 (1982);

[McW - 84]   McWilliams, J. C., (1984) The emergence of isolated coherent vortices in
             turbulent flow. Fluid Mech. 146, 21-43.

[McW - 84]   McWilliams, J. C., 1984 The emergence of isolated coherent vortices in
             turbulent flow. Fluid Mech. 146, 21-43

[Mial-05]   B. Mialon, M. Hepperle: "Flying Wing Aerodynamics Studies at ONERA and
             DLR", CEAS/KATnet Conference on Key Aerodynamic Technologies, 20.-22. Juni
             2005, Bremen.

[Mof-84]   Moffatt, K.H. (1984) Simple topological aspects of turbulent vorticity dynamics
             In: Turbulence and Chaotic Phenomena in Fluids, ed. T. Tatsumi (Elsevier)

[Nac-01]   Nachtigall, W. (2001) Biomechanik. Braunschweig: Vieweg Verlag.

[Nach-98]   Nachtigall, W. : Bionik – Grundlagen und Beispiele für Ingenieure und
             Naturwissenschaftler. Springer-Verlag, Berlin-Heidelberg-New York 1998.

[Nach-00]   Nachtigall, Werner; Blüchel, Kurt. Das große Buch der Bionik. Stuttgart:
             Deutsche Verlags Anstalt: 2000.

[Oert-11]   Oertel jr., H., Böhle, M., Reviol, Th. (2011) Strömungsmechanik,
             Grundlagen.Springer Verlag Berlin Heidelberg. ISBN 978-3-8348-8110-6

[PaB-93]   Pahl. G.; Beitz, W.: Konstruktionslehre, 3.Auflage. Berlin- Heidelberg-New York-
             London-Paris-Tokio: Springer 1993

[Pei-89]   Peintinger, G. (1989) Theoretische und experimentelle Untersuchun-gen an
             einem Segelflügel-Windkonzentrator. Dissertation FB10 Technische Universität
             Berlin 1989.

[Rech-94]   Rechenberg, Ingo. Evolutionsstrategie'94. Frommann-Holzoog Verlag. Stuttgart: 1994.

[Scha-13]   Schade, H. (2013) Strömungslehre. De Gruyter Verlag. ISBN-13: 978-3110292213

[Sun-16]   Sun,P.N., Colagrossi, A. Marrone, S. , Zhang, A.M, (2016) Detection of Lagrangian Coherent Structures in the SPH framework, College of Shipbuilding Engineering, Harbin Engineering University, Harbin 150001, China; CNR-INSEAN, Marine Technology Research Institute, Rome, Italy; Ecole Centrale Nantes, LHEEA Lab. (UMR CNRS), Nantes, France.

[Tham-08]   Siekmann, H.E., Thamsen, P. U. (2008) Strömungslehre Grundlagen, Springer Verlag Berlin Heidelberg. ISBN 978-3-540-73727-8

[Tho-59]   Thompson, D'Arcy, W. (1959) On Growth and Form. London: Cambridge University Press. (Neuauflage der Originalschrift 1907)

[Vos-15-1]   M. Voss, P.U. Thamsen, H.-D. Kleinschrodt, Mi. Dienst (2015): "Experimeltal and numerical investigation on fluid-structure-interaction of auto-adaptive flexible foils", Conference on Modelling Fluid Flow (CMFF'15), Budapest, Ungarn, 1.-4. September 2015, ISBN (Buch): 978-963-313-190-9.

[Vos-15-2]   M. Voss, (2015) Experimentelle und numerische Untersuchung flexibler Tragflügelprofile. Dissertation, Technische Universität Berlin 2015.

[Zie - 72]   Zierep, J. (1972) Ähnlichkeitsgesetze und Modellregeln der Strömungslehre.

Anhang 1: Report über die bilanzierten Strömungsgrößen im Feld.

```
#########################################################################
###    Analyse des Strömungsfeldes unter Induktionswirkung       ###
###    Integral- Bilanz- und Mittelwerte                         ###
###    KampagneTyp: WK 0042024                                   ###
###                                                              ###
#########################################################################
### bionic research unit berlin                                  ###
# Speicherort C:\Users\cip-
labor\Desktop\MID\C407Forschung\DATAFiles\anyAnalyseField4.txt
#########################################################################
#####   Modell-Raum und Analyse-Raum                     #########
fluidroom dimension          X:   30
fluidroom dimension          Y:   30
fluidroom dimension          Z:   30
analyse room dim.           aX:   30
analyse room dim.           aY:   30
analyse room dim.           aZ:   30
########## in Dimensionen M L T    ###############################
#####   dynamische Randbedingungen                       #########
dyn. RB: Vue-x:          [L/T]   4
dyn. RB: Vue-y:          [L/T]   0
dyn. RB: Vue-z:          [L/T]   0
dyn. RB: Zirkulation G:  [L2/T]  0
#########################################################################
##### V-Komponenten im Feld                              ##########
##### energetische Bilanz im Feld ohne Induktionswirkung ##########
#########################################################################
  cumU(xyz)                 [L/T]   3600
  cumV(xyz)                 [L/T]   0
  cumW(xyz)                 [L/T]   0
  cumR(xyz)                 [L/T]   3600
spezifischer Impuls    10E3  [L/T]   3.6
spezifische Energie    10E6[L2T-2]  12.96
spezifische Leistung   10E9[L2T-3]  46.656

#########################################################################
## InduktionsWirkung im Feld                             #########
## V-Komponenten im Feld (BRUTTO)                        #########
## jemals ein-/ausgekoppelte Induktionswirkung (kumuliert) #########
#########################################################################
  cum U(xyz)                [L/T]   55533.591
  cum V(xyz)                [L/T]   45299.027
  cum W(xyz)                [L/T]   47184.892
  cum R(xyz)                [L/T]   85804.403
spezifischer Impuls    10E3  [L/T]   85.804403
spezifische Energie    10E6[L2T-2]  7362.3956
spezifische Leistung   10E9[L2T-3]  631725.96

#########################################################################
## InduktionsWirkung im Feld                             #######
## V-Komponenten im Feld (NETTO)                         #######
## scheinbar eingekoppelte Induktionswirkung (kumuliert)     #######
#########################################################################
  cum U(xyz)                [L/T]   -20084.499
  cum V(xyz)                [L/T]   206.39286
  cum W(xyz)                [L/T]   99.134001
  cum R(xyz)                [L/T]   20085.804
spezifischer Impuls    10E3  [L/T]   20.085804
spezifische Energie    10E6[L2T-2]  403.43954
spezifische Leistung   10E9[L2T-3]  8103.4077
########## eof #########################################################
```

Kernalgorithmus
Nach: Joseph Katz, Allen Plotkin (2001) Low-Speed Aerodynamics, Cambridge University Press.

```
function [U, V, W]=INDUZIERTv_3(AX, AY, AZ, X1, Y1, Z1, X2, Y2, Z2, GAMA);  // Katz+Plotkin
// " FwF-Routinen vom 03122021 ff #########;    95FLOPs
global DONE BUSY PROCESS
test = BUSY;
 Pi=3.141592654;
 pivot = 0.1; // neu ab 10052023
 X=AX; Y=AY; Z=AZ;
 R1R2X= (Y-Y1)*(Z-Z2)-(Z-Z1)*(Y-Y2);
 R1R2Y=-((X-X1)*(Z-Z2)-(Z-Z1)*(X-X2));
 R1R2Z= (X-X1)*(Y-Y2)-(Y-Y1)*(X-X2);
 SQUARE=R1R2X*R1R2X+R1R2Y*R1R2Y+R1R2Z*R1R2Z;
 R1=((X-X1)*(X-X1)+(Y-Y1)*(Y-Y1)+(Z-Z1)*(Z-Z1))^0.5;
 R2=((X-X2)*(X-X2)+(Y-Y2)*(Y-Y2)+(Z-Z2)*(Z-Z2))^0.5;
 R0R1=(X2-X1)*(X-X1)+(Y2-Y1)*(Y-Y1)+(Z2-Z1)*(Z-Z1);
 R0R2=(X2-X1)*(X-X2)+(Y2-Y1)*(Y-Y2)+(Z2-Z1)*(Z-Z2);
 COEF=GAMA/(4.0*Pi*SQUARE)*(R0R1/R1-R0R2/R2);
 SINGU= R1*R2;
 U=0; V=0; W=0;
 if notPivotOR(R1,R2,pivot) then
   U=R1R2X*COEF;
   V=R1R2Y*COEF;
   W=R1R2Z*COEF;
  end;
test= DONE;
endfunction;
```

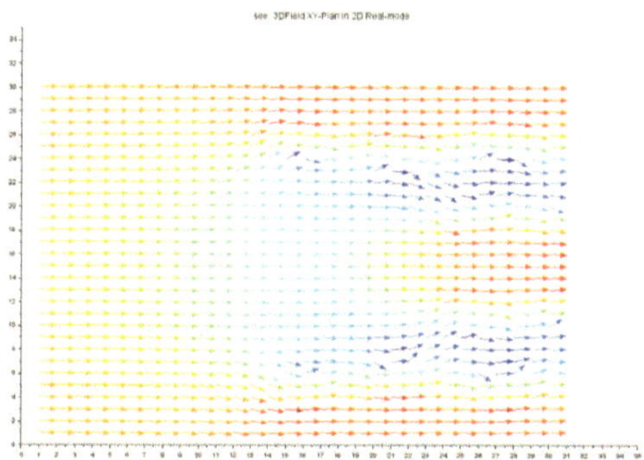

Abb.5: Der in das Feld induzierte spez. Impuls (Ebene X,Y,15).

Anhang 4, nach: Mi. Dienst (2024) Vortex coil dynamo, the early stage.

Wirbel und Lagrange Kohärente Strukturen. Als Wirbel bezeichnet die Strömungslehre eine drehende Bewegung von Fluidelementen. Die theoretischen Grundlagen der Wirbelphysik reichen zurück in das 18te Jahrhundert. Leonhard Euler führt um 1755 die Bewegungsgleichung einer reibungslosen inkompressiblen Flüssigkeit ein und begründet damit die moderne Fluid-Dynamik. 1766 kommt Joseph-Louis Lagrange als Nachfolger von Leonhard Euler als Direktor an die Königlich-Preußische Akademie der Wissenschaften nach Berlin. Auf Lagrange geht die für Strömungsfelder so bedeutsame Potentialtheorie zurück, aus der sich um 1800 die Feldtheorien entwickeln. Zu Beginn des 19ten Jahrhunderts sind die theoretischen Fundamente einer Wirbeltheorie bereits Stand der Wissenschaft. William Thomson (Lord Kelvin) findet das Zirkulationstheorem und steht in den 50er Jahren des 19ten Jahrhunderts in Kontakt und Korrespondenz mit Hermann von Helmholtz in Berlin, der die Stabilität von Wirbeln in Raum und Zeit in reibungslosen Flüssigkeiten erkennt. Interessanterweise behandelt die Helmholtz'schen Wirbeltheorie fadenförmig zusammenhängende Strukturen. Das ist, wie wir heute sehen, ein äußerst moderner Ansatz. Die drei Wirbelsätze werden von Hermann von Helmholtz um 1859 formuliert[31]. Der erste Wirbelsatz besagt, dass sowohl die Zirkulation längs der Randkurve einer Fläche, die ganz auf dem Mantel einer Wirbelröhre liegt, verschwindet, als auch, dass die Zirkulation[32] verschiedener Querschnitte einer Wirbelröhre gleich ist. Der zweite Wirbelsatz besagt, dass Wirbelröhren zugleich Stromröhren sind, Wirbel an Materie (Fluid) anhaften und drittens, Teilchen, die einmal eine Wirbellinie gebildet haben, dies auch weiterhin tun (Kohärenz). Der dritte Wirbelsatz fordert die zeitliche Konstanz der Zirkulation in einer (und um eine) Wirbelröhre. Die Helmholtz'schen Wirbelsätze sind heute die Grundlage einer Theorie kohärenter Wirbelsysteme[33].
Lagrange Kohärenter Systeme (LCS) sind zusammenhängende Strukturen und sie besitzen eine Pfadabhängigkeit ihrer physikalischen Wechselwirkungs-Eigenschaften; sie sind deshalb Wirbelfäden im Sinne Helmholtz's. Und sie besitzen ein inneres Milieu von erstaunlicher Stabilität. Von ihrer fluidischen Umgebung lassen sich diese helmholtz'schen Wirbelfäden – die ja selbst fluidische Systeme sind, eindeutig separieren; quasi sind sie kohärente Fluidsysteme in Fluiden (fluid within fluids, FwF) und sie besitzen hinsichtlich ihrer Wechselwirkung mit ihrer Umgebung Richtungseigenschaften (Lagrange). Eine Theorie Lagrange Kohärenter Strukturen wird am Lefschetz Center for Dynamical Systems der Brown University, später an der ETH Zürich entwickelt. Das Akronym LCS (Lagrange Coherent Structures) stammt von Haller & Yuan (2000). Haller entwickelte einem Ansatz, die abstoßenden und anziehenden Fluidbewegungen in

---

[31] Erster Helmholtz'scher Wirbelsatz:
In Abwesenheit von wirbelanfachenden äußeren Kräften bleiben wirbelfreie Strömungsgebiete wirbelfrei.
Zweiter Helmholtz'scher Wirbelsatz:
Fluidelemente, die auf einer Wirbellinie liegen, verbleiben auf dieser Wirbellinie. Wirbellinien sind daher materielle Linien.
Dritter Helmholtz'scher Wirbelsatz:
Die Zirkulation entlang einer Wirbelröhre ist konstant. Eine Wirbellinie kann deshalb im Fluid nicht enden. Wirbellinien sind geschlossen, buchstäblich unendlich oder laufen auf den Rand.
[32] Ich vermute, dass Helmholtz nicht die Zirkulation $\Gamma[L^2T^{-1}]$ benannte, sondern die Wirbelstärke $\omega[T^{-1}]$; ein Übertragungsfehler, der uns modernen Interpreten unterlief und dann weiter und weiter kopiert wurde!
[33] Felgenhauer, Mi. (2023). Sätze über fluiddynamische Wirbelspulen. Theorems on fluid dynamical vortex coils GRIN-Verlag GmbH München, ISBN online: 9783346804532. ISBN (Buch): 9783346804549, VNR: v1321101

(konvexen) Scherschichten zu beschreiben. Diese extraordinären Systeme entwickeln eine komplexe richtungsbezogene Dynamik innerhalb einer Strömung (fluid within fluids).

Wirbelfäden. Für theoretische Strömungsmodelle und aus der Feldtheorie ist bekannt, dass im Fluid bewegte (Punkt-) Wirbel ein Strömungsfeld erzeugen, das seinerseits als Quellpunkt auf (Punkt-) Wirbel wirkt. Mit dem Gesetz von Biot und Savart, es stammt aus der klassischen Potentialtheorie (die ihrerseits Grundlage war für eine spätere, allgemeine Feldtheorie), kann das unmittelbar gezeigt werden. Jeder Quellpunkt Q eines Wirbelfadens induziert in jedem Aufpunkt A im Feld eine (Partial-) Geschwindigkeit ($\underline{\Delta c} = \Gamma/2 \cdot \pi \cdot \underline{r}$) an diesem Ort, das besagt das Gesetz von Biot und Savart und gilt auch dann, wenn der Aufpunkt im Feld selbst ein Quellpunkt und Element irgendeiner anderen Wirbelstruktur ist! In einem reibungsfreien Potentialfeld setzt bei einem punktförmigen Objekt eine Bewegung gemäß der vektoriellen Beaufschlagung ein. Ein Wirbelfadenelement um die Quellpunkte Q induziert eine partielle Impulswirksamkeit; respektive die induzierte Geschwindigkeit $c = \Sigma_{i,j,k} \Delta c$ in allen Punkten $P_{i,j,k}$ des Feldes. Alle Punkte des Feldes sind somit „Aufpunkte A" einer fluidmechanischen Induktion im Raum. Der Abstand $\underline{QA}$ im Feld ist der Vektor $\underline{r} = \underline{QA}$. Im Simulationsmodell kumulieren die partiellen induzierten Geschwindigkeiten $\underline{\Delta c}$ an jedem Ort im Feld. Die induzierten Geschwindigkeiten an jedem Ort sind gleichwertig dem spezifischen induzierten Impuls I_{SP}, ebendort. Die in das Feld induzierte Geschwindigkeit wird mit der Beziehung ermittelt:

$$\underline{\Delta c} = (\Gamma/4/\pi) \cdot ((\underline{ds} \times \underline{r}) / r^3)$$

Wobei $\underline{ds}$ der finite Abschnitt entlang der Wirbelfaden-Struktur und $\underline{r}$ der vektorielle Abstand im (Berechnungs-) Raum ist. Diese Formel ist die Gleichung für das Gesetz von Biot und Savart, die das Induktionsgeschehen im Raum beschreibt[5].

Eingabedaten / JobCard

```matlab
// ###################################################################################
// ###################################################################################
// ###############                                                    ###############
// ###############           Algorithms for Synthesis and             ###############
// ###############           Analysis of Pulse Induction              ###############
// ###############           in a fluidic 3DField:                    ###############
// ###############                                                    ###############
// ###############           PRG-System     dynamisches ROTOR-Modell  ###############
// ###############                                                    ###############
// ###############           incl. FLUID-FILAMENT-WechselWirkung (FFWW) ###############
// ###############                                                    ###############
// ###############                                                    ###############
// ###############           run PC407  // PC410  // PCHome           ###############
// ###############                                                    ###############
// ###############                                                    ###############
// ###############     aktuelle Vers: PRG: ROTORModell_006_169 runPC407    #####
// ###############                                                    ###############
// ###################################################################################
// ###############   (C)CODE: Michel Felgenhauer, Berlin 2024         ###############
// ###############   vormals: bionic research unit berlin             ###############
// ###################################################################################

function test=ANALYSEimWindkanal_2WSP2_25homo;   // Vers. 006_166 Entwicklungs- und Arbeitsversion: ab 24042024!!!
global DONE BUSY PROCESS       //
test = BUSY;  pi = 3.14159; timer(); tic(); disp("BUSY: BerechnugsZeit(s)/ CPU-time(s): ",timer());
  GeneralPath ='C:\Users\cip-labor\Desktop\MID\C407Forschung\DATAFiles'; // PC407
  // GeneralPath = 'C:\Users\midmid\Desktop\DataFiles'; // PC410
  //GeneralPath = 'C:\Users\Micha\Desktop\LCO_Data'; // PCHome
  NarraFeed = 1;  ShoFeed = 0; gfreq =2; count = 0; gama = (-1)*25.0;
// ###############   Startpunkte berechnen ROTOR tip11  ###############
  GamaC_11 = -25.0;  RA =10; xpc = 10; ypc = 15; zpc= 15; W0 = 0; aNr = 1; [xpos,ypos,zpos]= gradPos(RA,aNr,W0,xpc,ypc,zpc);
  X=xpos; Y=ypos; Z=zpos; P1= isaPOLYgonPOINT(NarraFeed,X,Y,Z);
  Poly11 = einPOLYgoneINIT(ShoFeed,NarraFeed,P1,GamaC_11);
  Poly11 = isGAMMA_POLYgon(GamaC_11,Poly11); if NarraFeed>0 then disp("Polygon1 X,Y,Z : ",Poly11); end;
// ###############   Startpunkte berechnen ROTOR tip12  ###############
  GamaC_12 = -25.0;  RA =10;  xpc = 10; ypc = 15; zpc= 15; W0 = 0; aNr = 180; [xpos,ypos,zpos]= gradPos(RA,aNr,W0,xpc,ypc,zpc);
  X=xpos; Y=ypos; Z=zpos; P2= isaPOLYgonPOINT(NarraFeed,X,Y,Z);
  Poly12 = einPOLYgoneINIT(ShoFeed,NarraFeed,P2,GamaC_12);
  Poly12 = isGAMMA_POLYgon(GamaC_12,Poly12); if NarraFeed>0 then disp("Polygon1 X,Y,Z : ",Poly12); end;
// ###############   Startpunkte berechnen ROTOR tip21  ###############
  GamaC_21 = 25.0;  RA =4; xpc = 20; ypc = 15; zpc= 15; W0 = 0; aNr = 1; [xpos,ypos,zpos]= gradPos(RA,aNr,W0,xpc,ypc,zpc);
  X=xpos; Y=ypos; Z=zpos; P1= isaPOLYgonPOINT(NarraFeed,X,Y,Z);
  Poly21 = einPOLYgoneINIT(ShoFeed,NarraFeed,P1,GamaC_21);
  Poly21 = isGAMMA_POLYgon(GamaC_21,Poly21); if NarraFeed>0 then disp("Polygon1 X,Y,Z : ",Poly21); end;
// ###############   Startpunkte berechnen ROTOR tip22  ###############
  GamaC_22 = 25.0;  RA =4;  xpc = 20; ypc = 15; zpc= 15; W0 = 0; aNr = 180; [xpos,ypos,zpos]= gradPos(RA,aNr,W0,xpc,ypc,zpc);
  X=xpos; Y=ypos; Z=zpos; P2= isaPOLYgonPOINT(NarraFeed,X,Y,Z);
  Poly22 = einPOLYgoneINIT(ShoFeed,NarraFeed,P2,GamaC_22);
  Poly22 = isGAMMA_POLYgon(GamaC_22,Poly22); if NarraFeed>0 then disp("Polygon1 X,Y,Z : ",Poly22); end;
// ###################################################################################
////############   2X2 Polygone Impuls itereiren  ###############
NarraFeed = 0;ShoFeed =1;
for k=1:500   // ############### ab hier entwickelt 16052023FF
  //############ POLYgon 11 #######################
  delx=(1)*0.1; // dy=0.0; dz=0.0;
  GamaC_11 = -25.0;  RA =10; xpc = 10; ypc = 15; zpc= 15; W0 = 0;
  aNr = 3*k;  [x1,y1,z1]= gradPos(RA,aNr,W0,xpc,ypc,zpc);
        [x2,y2,z2]= gradPos(RA,aNr+3,W0,xpc,ypc,zpc);
  dy= y2-y1;  dz= z2-z1;  dx= delx;
  Poly11=POLYgoneLEFT(ShoFeed,NarraFeed,dx,dy,dz,Poly11,GamaC_11); //
  //############ POLYgon 12 #######################
  delx=(1)*0.1; // dy=0.0; dz=0.0;
  GamaC_12 = -25.0;  RA =10; xpc = 10; ypc = 15; zpc= 15; W0 = pi;
  aNr = 3*k;  [x1,y1,z1]= gradPos(RA,aNr,W0,xpc,ypc,zpc);
        [x2,y2,z2]= gradPos(RA,aNr+3,W0,xpc,ypc,zpc);
  dy= y2-y1;  dz= z2-z1;  dx= delx;
  Poly12=POLYgoneLEFT(ShoFeed,NarraFeed,dx,dy,dz,Poly12,GamaC_12); //
  //############ POLYgon 21 #######################
  delx=(1)*0.1; // dy=0.0; dz=0.0;
  GamaC_21 = 25.0;  RA =4; xpc = 20; ypc = 15; zpc= 15; W0 = 0;
  aNr = 3*k;  [x1,y1,z1]= gradPos(RA,aNr,W0,xpc,ypc,zpc);
        [x2,y2,z2]= gradPos(RA,aNr+3,W0,xpc,ypc,zpc);
  dy= y2-y1;  dz= z2-z1;  dx= delx;
  Poly21=POLYgoneLEFT(ShoFeed,NarraFeed,dx,dy,dz,Poly21,GamaC_21); //
```

```
//############### POLYgon 22  #############################
delx=(1)*0.1; // dy=0.0; dz=0.0;
GamaC_22 = 25.0;  RA =4; xpc = 20; ypc = 15; zpc= 15; W0 = pi;
aNr = 3*k;  [x1,y1,z1]= gradPos(RA,aNr,W0,xpc,ypc,zpc);
        [x2,y2,z2]= gradPos(RA,aNr+3,W0,xpc,ypc,zpc);
dy= y2-y1;  dz= z2-z1;  dx= delx;
Poly22=POLYgoneLEFT(ShoFeed,NarraFeed,dx,dy,dz,Poly22,GamaC_22); //
//////  // ########### SHOW  ###################################
   ShoFeed = 2;
    if ShoFeed >0 then       //#### Graphik optional
       count=count+1;
       if count==gfreq, count=0;  clf(ShoFeed);// neu
          scf(ShoFeed);
          polygonSHOWs(NarraFeed,ShoFeed,Poly11); sleep(20);
          polygonSHOWs(NarraFeed,ShoFeed,Poly12); sleep(10);
          polygonSHOWs(NarraFeed,ShoFeed,Poly21); sleep(20);
          polygonSHOWs(NarraFeed,ShoFeed,Poly22); sleep(10);
       end;
    end;  // ## ShofeedLoop
end;  // ## IterationLoop
   putpath =GeneralPath+'\Polygon_11.txt';  polygonSAVE(NarraFeed,Poly11,putpath); // Fu in properCode
   putpath =GeneralPath+'\Polygon_12.txt';  polygonSAVE(NarraFeed,Poly12,putpath); // Fu in properCode
   putpath =GeneralPath+'\Polygon_21.txt';  polygonSAVE(NarraFeed,Poly21,putpath); // Fu in properCode
   putpath =GeneralPath+'\Polygon_22.txt';  polygonSAVE(NarraFeed,Poly22,putpath); // Fu in properCode
// ###########################################################################################################
////// // #######################################################################################################
////// // ########################### Analyse und Bilanz im Corridor  ###########################################
////// // ########################### das ANALYSEFeld:           ################################################
   narraFeed =2;
   Poly11=POLYgoneCUT(narraFeed,Poly11,400); // Test
   Poly12=POLYgoneCUT(narraFeed,Poly12,400); // Test
   Poly21=POLYgoneCUT(narraFeed,Poly21,400); // Test
   Poly22=POLYgoneCUT(narraFeed,Poly22,400); // Test
   narraFeed =0;
   x11= 1;   x12 = 30.0;     xdim = 30; vxue = 4.0;
   y11= 1;   y12 = 30.0;     ydim = 30; vyue = 0.0;
   z11= 1;   z12 = 30.0;     zdim = 30; vzue = 0.0;   gama = 0;
   Field1 = init3DAnalyseField(NarraFeed,x11,x12,y11,y12,z11,z12,xdim,ydim,zdim,vxue,vyue,vzue, gama);
////// ########################### Induktion im Corridor  #######################################
   Zpos = 15;
   Field1 = induzAnalyseFELD(ShoFeed,NarraFeed,Field1,Poly11);  shoFeed = 3; Shoa2Dplan_XY(shoFeed,NarraFeed,"see:  3DField
11",Zpos,Field1);
   Field1 = induzAnalyseFELD(ShoFeed,NarraFeed,Field1,Poly12);  shoFeed = 4; Shoa2Dplan_XY(shoFeed,NarraFeed,"see:  3DField
12",Zpos,Field1);
   Field1 = induzAnalyseFELD(ShoFeed,NarraFeed,Field1,Poly21);  shoFeed = 5; Shoa2Dplan_XY(shoFeed,NarraFeed,"see:  3DField
21",Zpos,Field1);
   Field1 = induzAnalyseFELD(ShoFeed,NarraFeed,Field1,Poly22);  shoFeed = 6; Shoa2Dplan_XY(shoFeed,NarraFeed,"see:  3DField
22",Zpos,Field1);

////// ########################### Bilanzen im Corridor  ###########################################
   ShoFeed= 9; bilanz = BilanzField3D(ShoFeed,NarraFeed,GeneralPath,Field1,vxue,vyue,vzue,gama,vxue);  // Im Corridor; Version 24052023
////// #######################################################################################################
//////// ########################### basical Graphics  ##############################################
     Zpos = 15; narraCall=0; shoFeed = 10;
   Shoa2Dplan_XY(shoFeed,NarraFeed,"see:  3DField",Zpos,Field1); // neu aber NOK
    lxa=1; lya=15; lza=15; lxe=30; lye=15; lze=15; shoFeed = 11;  // wieder zurück 05122023
     // lxa=30; lya=15; lza=15; lxe=1; lye=15; lze=15; shoFeed = 11;
   Po2 = ShoALineIna3DvectorField_PlusPlus(shoFeed,narraCall,'3. Profil entlang Punkte-Set',Field1,lxa,lya,lza,lxe,lye,lze); // neu aber NO
     Xpos= 5; Zpos=15; narraCall=0; shoFRAME=12;
   Shoa1DlineOfa3DvectorField_X(shoFRAME,narraCall,'Line(x= 5LE): ',Xpos,Zpos,Field1);
     Xpos= 10; Zpos=15; narraCall=0; shoFRAME=13;
   Shoa1DlineOfa3DvectorField_X(shoFRAME,narraCall,'Line(x=10LE): ',Xpos,Zpos,Field1);
     Xpos= 15; Zpos=15; narraCall=0; shoFRAME=14;
   Shoa1DlineOfa3DvectorField_X(shoFRAME,narraCall,'Line(x=15LE):  ',Xpos,Zpos,Field1);
     Xpos= 20; Zpos=15; narraCall=0; shoFRAME=15;
   Shoa1DlineOfa3DvectorField_X(shoFRAME,narraCall,'Line(x=20LE):  ',Xpos,Zpos,Field1);
     Xpos= 25; Zpos=15; narraCall=0; shoFRAME=16;
   Shoa1DlineOfa3DvectorField_X(shoFRAME,narraCall,'Line(x=25LE):  ',Xpos,Zpos,Field1);
     Xpos= 30; Zpos=15; narraCall=0; shoFRAME=17;
   Shoa1DlineOfa3DvectorField_X(shoFRAME,narraCall,'Line(x=30LE):  ',Xpos,Zpos,Field1);
     Zpos=15; narraCall=0; shoFRAME=20;

   Shoa2DMeshPlanOfa3DvectorField_XY(shoFRAME,narraCall,'XYmesh(zpos=15LE):  ',Zpos,Field1);
test= DONE;  disp("DONE: BerechnugsZeit(s): ",toc());
endfunction;
```

Erklärung des Autors

Alle Graphiken und Abbildungen stammen vom Autor und sind frei von Rechten Dritter.

Der Kernalgorithmus für die fluidische Induktion ist ein mod. Derivat aus dem Code von: Joseph Katz, Allen Plotkin (2001) Low-Speed Aerodynamics, Cambridge University Press.

Alle weiteren Berechnungsprogramme, der Code der numerischen Modelle und alle Simulationen, die Pre- und Post-Programme zum Datentransfer und die graphischen Darstellungen sind eigene Entwicklungen des Autors und frei von Rechten Dritter.

Der Code der numerischen Modelle wurde implementiert in: Scilab 6.1.1 (2024).

Zur Berechnung: PC mit der CPU: IntelCore i7, 2.67 GHz und PC mit anderen CPU.

Der Text des Aufsatzes wurde redigiert und alle Berechnungen sorgfältig verifiziert.

Für fehlerhafte Angaben ist alleine der Autor verantwortlich.

Michael Dienst, Berlin 2024